機械要素の基礎知識

有賀 幸則

養 賢 堂

はじめに

　何かしら「機械」に関わる仕事をする場合，機械を設計する，機械部品を製造する，機械を組み立てる，機械を使うなどのどれかの段階で仕事をすることになるのではないだろうか．これらの仕事をするうえで，少なくとも「機械要素」についての基本的な知識をもっていることは，仕事の質を高めるための必要条件であるといってもよいと思われる．

　機械要素は，「ねじ」や「軸受」，「歯車」など機械を構成している最小単位の部品であるが，これらの性能が機械全体の性能を左右することになる．そればかりか，例えば，ねじ1本でも，欠陥があれば人命に関わる事故につながることもあるので，機械要素の一つ一つについて，その役割を十分に理解しておく必要がある．

　個々の機械要素，ねじや歯車などを取り上げてみると，それらは古くは紀元前から脈々と受け継がれ，改良されてきた技術の塊であるが，まだまだ日々改良や開発が行われている．機械要素に要求される性能・仕様が上がってきているためである．

　本書は，はじめて「機械要素」について学習する人や機械関連の学習を始めたばかりの人を対象にし，機械要素には数多くの種類があり，それらが何処で，どのように使われるかを知ることが第一歩と考え，できる限りわかりやすいように，現物の図・写真を多用した．また，機械要素を使う立場の人と機械要素をつくる立場の人のどちらにも必要な基本的な知識を示すことを目標としたが，説明不十分と思われる部分は参考文献などを参照願いたい．

2015年8月

有賀　幸則

目　　次

第1章　機械の基礎知識…1

1-1　機械・機械要素とは………2
1-2　互換性・標準化……………4
　1-2-1　はめあい……………5
　　(1)「はめあい」の生い立ち……5
　　(2) はめあいの種類………5
　　(3) 寸法許容差・寸法公差……6
　　(4) 軸と穴の組合せ………10
　1-2-2　標準化………………10
1-3　機械材料と強度……………11
　1-3-1　力の種類……………11
　1-3-2　応力とひずみ………12
　1-3-3　機械材料の種類……14
　　(1) 鋼　材…………………14
　　(2) 非鉄金属………………17
　　(3) プラスチック材………17
　1-3-4　疲れ強さ……………19
　1-3-5　許容応力と安全率…20
参考文献………………………22

第2章　ねじ・ボルト・ナット…23

2-1　ね　　じ……………………24
　2-1-1　ねじの用途…………25
　　(1) 締結用ねじ……………25
　　(2) 送り用ねじ……………25
　　(3) 力伝達用ねじ…………25
　2-1-2　ねじの形……………26
　　(1) ねじの形状・リード…26
　　(2) おねじ・めねじ各部の名称……26
　　(3) 右ねじれ・左ねじれ・多条ねじ
　　　　…………………………27
　2-1-3　ねじの製造方法……28
　　(1) タップ・ダイス………28
　　(2) 旋削・フライス切削…28
　　(3) 転　造…………………29
2-2　ねじの種類・ねじ部品の種類
　　　（小ねじ・ボルト・ナット）30
　2-2-1　ねじ山の種類・規格……30
　　(1) 三角ねじ………………30
　　(2) 台形ねじ………………30
　　(3) 角　ねじ………………32
　　(4) その他（のこ歯ねじ・丸ねじ・自
　　　　転車ねじ・ミシン用ねじ）…32
　2-2-2　ねじ部品の種類……33
　　(1) ねじ部品の規格………33
　　(2) 六角ボルト・六角ナット・六角
　　　　穴付きボルト…………36
　　(3) 部材の締結方法………39
　　(4) 小ねじ・止めねじ・タッピンね
　　　　じ………………………41
　2-2-3　ねじ部品の強度……44
　　(1) 鋼製ボルト，ねじおよび植込み
　　　　ボルトの強度区分……44

目　次

- (2) 鋼製ナットの強度区分 ……… 48
- 2-3 ねじの力学 ………………… 52
  - 2-3-1 ねじの締付け力 ……… 52
  - 2-3-2 ねじの締付け方法 …… 54
- 2-4 座金・緩み防止方法 ……… 55
  - 2-4-1 座　金 ……………… 56
  - 2-4-2 緩み防止方法 ………… 56
    - (1) 緩みの原因 …………… 56
- (2) 緩み防止対策 ……………… 57
- 2-5 ボールねじ・静圧ねじ …… 60
  - 2-5-1 ボールねじ …………… 60
    - (1) 構　造 ……………… 60
    - (2) ボールねじの特徴 ……… 62
  - 2-5-2 静圧ねじ ……………… 63
- 参考文献 ………………………… 64

第3章　軸系要素 … 65

- 3-1 軸の種類 …………………… 66
  - (1) 機　械　軸 ……………… 66
  - (2) 車　軸 ……………… 66
  - (3) 伝　動　軸 ……………… 67
  - (4) そ　の　他 ……………… 67
- 3-2 軸の材料 …………………… 67
- 3-3 軸の設計 …………………… 68
  - 3-3-1 軸の規格 ……………… 68
  - 3-2-2 軸に加わる力 ………… 70
  - 3-3-3 軸直径を求める ……… 70
    - (1) 軸の動力とトルク ……… 71
    - (2) ねじりだけが作用する軸 … 71
    - (3) 曲げだけが作用する軸 … 72
    - (4) ねじりと曲げが同時に作用する軸 …………… 73
  - 3-3-4 応力集中 ……………… 73
  - 3-3-5 危険速度 ……………… 75
- 3-4 軸継手 ……………………… 76
  - 3-4-1 軸継手の種類 ………… 77
    - (1) 固定軸継手 ……………… 77
    - (2) たわみ軸継手 …………… 78
    - (3) 自在軸継手（ユニバーサルジョイント） ……………… 80
    - (4) オルダム軸継手 ………… 82
  - 3-4-2 軸継手の選定の要点 … 83
    - (1) 許容トルク ……………… 83
    - (2) 軸との固定方法 ………… 84
    - (3) 回転角度の精度 ………… 84
    - (4) 軸の位置精度 …………… 84
    - (5) 大きさと形状の制限 …… 84
- 3-5 キーなどによる軸への固定方法 ……………………………… 84
  - 3-5-1 キーとキー溝 ………… 84
    - (1) 平行キー ………………… 86
    - (2) こう配キー ……………… 86
    - (3) 半月キー ………………… 86
    - (4) キーの材料 ……………… 87
  - 3-5-2 テーパリング ………… 87
  - 3-5-3 止めねじ，その他 …… 88
    - (1) 止めねじ ………………… 88
    - (2) そ　の　他 ……………… 89
- 参考文献 ………………………… 89

第4章 軸受・案内…91

- 4-1 転がり軸受 … 92
  - 4-1-1 転がり軸受の種類 … 93
    - (1) 転がり軸受の構造 … 93
    - (2) 転がり軸受の種類 … 94
    - (3) 転がり軸受の材料 … 96
  - 4-1-2 転がり軸受の選定（カタログの見方・寿命計算）… 99
    - (1) 主要寸法 … 99
    - (2) 呼び番号 … 101
    - (3) 基本定格荷重・寿命計算 … 103
    - (4) 許容回転数 … 106
    - (5) 転がり軸受の精度 … 107
    - (6) 転がり軸受の内部すきま … 108
  - 4-1-3 転がり軸受の取付け方法（はめあい・予圧）… 110
    - (1) 転がり軸受の配列 … 110
    - (2) 転がり軸受のはめあい … 112
    - (3) 転がり軸受の予圧 … 112
  - 4-1-4 転がり軸受の潤滑 … 114
    - (1) グリース潤滑 … 114
    - (2) 油潤滑 … 114
    - (3) 油潤滑の方法 … 115
  - 4-1-5 転がり直動案内 … 118
- 4-2 すべり軸受 … 121
  - (1) 境界潤滑＝不完全潤滑 … 122
  - (2) 流体潤滑＝完全潤滑 … 122
  - (3) 混合潤滑 … 122
  - (4) 固体潤滑＝無潤滑 … 122
  - 4-2-1 すべり軸受の種類 … 123
    - (1) 固体潤滑軸受（自己潤滑軸受：無潤滑）… 123
    - (2) 境界・混合潤滑軸受 … 124
    - (3) 流体潤滑軸受 … 126
  - 4-2-2 すべり軸受の選定 … 133
  - 4-2-3 転がり軸受とすべり軸受の比較 … 135
  - 4-2-4 すべり案内 … 136
- 参考文献 … 137

第5章 動力伝達要素…139

- 5-1 歯車 … 141
  - 5-1-1 歯車の用途 … 142
    - (1) 動力伝達 … 142
    - (2) 回転角度伝達 … 142
    - (3) 回転比変換 … 143
    - (4) 方向と運動の変換 … 143
  - 5-1-2 歯車の種類 … 144
    - (1) 平行軸歯車 … 144
    - (2) 交差軸歯車 … 146
    - (3) 食い違い軸歯車 … 146
  - 5-1-3 歯形に関する用語 … 147
  - 5-1-4 歯車歯形 … 149
  - 5-1-5 インボリュート歯車 … 150
    - (1) インボリュート曲線 … 150
    - (2) 中心距離の変化 … 151
    - (3) 基準ラック … 151

- 　(4) 創成歯切り …………… 152
- 　(5) 干渉・切り下げ ……… 154
- 5-1-6 　転位歯車 …………… 155
- 5-1-7 　歯車の精度 ………… 157
- 　(1) 歯形誤差 ……………… 158
- 　(2) ピッチ誤差 …………… 158
- 　(3) 歯すじ誤差 …………… 159
- 　(4) 歯溝の振れ …………… 159
- 　(5) かみ合い誤差 ………… 159
- 5-1-8 　歯車の強度 ………… 160
- 　(1) 歯車の曲げ強さ ……… 161
- 　(2) 歯車の歯面強さ ……… 162
- 5-1-9 　はすば歯車 ………… 164
- 5-1-10 　歯車伝動装置 ……… 167
- 　(1) 中心固定の歯車列の速度伝達比 …………………………… 167
- 　(2) 遊星歯車列 …………… 168
- 5-2 　ベルト・チェーン ……… 169
- 5-2-1 　ベルト ……………… 169
- 　(1) 平ベルトとプーリ …… 170
- 　(2) Vベルトと Vプーリ … 172
- 　(3) 歯付きベルトと歯付きプーリ 174
- 5-2-2 　チェーン …………… 176
- 　(1) チェーンの種類と構造 … 177
- 　(2) スプロケット ………… 180
- 　(3) 回転比とチェーン速度 … 180
- 　(4) 動力伝達要素の特性比較 … 182
- 参考文献 ……………………… 182

第6章 その他の機械要素 … 183

- 6-1 　ばね ……………………… 184
- 6-1-1 　ばねの種類 ………… 185
- 6-1-2 　ばねの材料 ………… 186
- 6-1-3 　ばねの設計 ………… 187
- 6-2 　シール …………………… 188
- 6-2-1 　シールの種類 ……… 188
- 6-2-2 　パッキン（運動用シール） …………………………… 189
- 　(1) オイルシール ………… 189
- 　(2) メカニカルシール …… 191
- 　(3) グランドパッキン …… 192
- 　(4) 成形パッキン ………… 193
- 　(5) 非接触式シール ……… 196
- 6-2-3 　ガスケット（固定用シール） ………………………… 198
- 6-2-4 　シールの選定方法 … 200
- 参考文献 ……………………… 201

索　引 ……………………………… 203

第1章　機械の基礎知識

1-1　機械・機械要素とは

1-2　互換性・標準化

  1-2-1　はめあい
  1-2-2　標準化

1-3　機械材料と強度

  1-3-1　力の種類
  1-3-2　応力とひずみ
  1-3-3　機械材料の種類
  1-3-4　疲れ強さ
  1-3-5　許容応力と安全率

1-1　機械・機械要素とは

　機械とは何か．これを簡潔かつ適切に表現することは難しい．機械の種類は極めて多く，千差万別だからである．これまでに，さまざまな人が与えた機械の定義はその時代を反映している．

　ドイツの機械工学者であるフランツ・ルーロー（Franz Reuleaux：1829～1905年）という人が1875年に著した「Theoretische Kinematic」[1]という本で，和訳すると「理論機械運動学」の本の中で「機械」について，以下のように定義している．
1. 外力に対して十分な強さを有する物体の組合せである．
2. これらの物体は必要な相対運動を行う．
3. 入力としてエネルギーを受け入れ，これを変換・伝達して有用な力学的仕事を行う．

　入力のエネルギーの種類と出力としての力学的仕事の形態によって，機械は「原動機械」と「作業機械」の二つに分類される．原動機械は水車や蒸気タービン，エンジンなど，また作業機械は工作機械，運搬機械や建設機械が代表的である．入出力の条件に電気エネルギーを加えてやれば，発電機やモータみたいな電気機械も機械の3条件を満たせることになる．

　しかし，いまや現代人になくてはならないものの中で，みんなが機械だと思っているものが，先の機械の3条件を満たすことができない．それは，「情報機械」としてのパソコンやプリンタ，ほかにも時計や体重計みたいな「測定機械」も機械の3条件が満たせない．

　エレクトロニクスの発展と機械への応用は20世紀後半のことであり，機械は時代とともに発達し変化していくから，その定義もまた変わっていくのは当然である．

　これらを考慮して，日本機械学会の発行する「機械工学便覧」[2]では，現代における機械を改めて定義して機械とは次の三つの要件を満たすものとした．
1. 機械は人工物であり，それぞれ特定の役割を担う物体（機械要素，流体要素，電気・電子要素など）の集合体である．
2. これらの物体は意味あるように組み合わされ，全体として目的にかなった

機能を現出する．

3. 目的とする機能の現出に当たっては，機械的な力と運動の両方あるいはいずれか一方が重要な役割を果たす．

ところで，はさみやノギスなどは上記三つの要件をすべて満たしてはいるが，慣習上，これらは工具あるいは道具といって，機械とはいわない．また，計測器のように，小型でかつ機械的な仕事の遂行を目的としないものを器具ということがある．機械と器具，さらに装置をも含めて機器という．

現代では，コンピュータを俗にマシンということがあるが，これは機械とは考えないのがふつうである．逆に情報関連機器であっても，プリンタやビデオ機器，自動改札機などは機械構造とその運動が重要な役割を担うので，りっぱな機械である．

次に，機械要素とは何かについて考えてみる．機械は，数多くの部品によって組み立てられている．これらの部品のうち，ボルト・ナット・軸・軸継手・軸受・歯車・ばねなどは，どのような種類の機械にも共通して用いられている

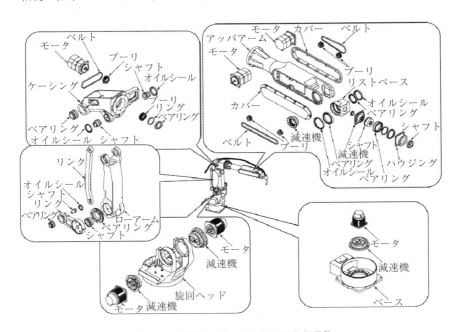

図 1-1　産業用ロボットにおける主部品[3]

表 1-1 機械要素の種類

機械要素の種類	機能	種類
締結要素および関連要素	・つなぎ止める ・固定する	ねじ, ボルト, ナット, リベット, ピン, 座金
軸および関連要素	・運動や力を伝える	軸, 軸継手, キー, スプライン, セレーション
軸受・案内要素	・支える	転がり軸受, すべり軸受
動力伝達要素	・運動や力を伝える ・減速, 増幅する	ベルトとプーリ, チェーンとスプロケット, 歯車, ボールねじ, クラッチ・ブレーキ
流体関連要素	・流体を流す ・流体が漏れないようにする	管, 管継手, シール, ガスケット, パッキン, 容器
その他	・振動を防ぐ ・エネルギーを蓄え放出する	ばね

ことが多く，これらを総称して機械要素と呼んでいる．

機械の構成を産業用ロボットを例に調べてみると，**図 1-1** に示すような構成になっている．この図からわかるように，産業用ロボットは多数の機構から成り立っていて，さらにそれらは共通的な役割を果たす基本的な部品である機械要素に分解することができる．

このように，機械の構造が機械要素の組合せでできていることから，機械の機能・性能を一番根源的なところで支配しているものが機械要素であるということができる．機械の設計は，機械要素をどのように組み合わせ，時にはそれにメカトロニクス的機能を加えて，いかに働かせていくかを総合していく作業である．したがって，性能のよい機械を設計するには，機械要素にどのような種類のものがあり，そのおのおのがどのような機能と性能あるいは弱点や有効範囲の制限をもっているかを知っていることが不可欠である．

機械要素の機能を列挙し，その働きをもつものの例を挙げれば，**表 1-1** のとおりである．

1-2 互換性・標準化

機械の構造が機械要素の組合せでできていることから，ある一つの機械要素

が故障した場合，機械全体が運転できなくなる可能性がある．そこで，故障した機械要素部品をすぐに交換できれば便利である．このように，交換が容易にできる部品のことを互換性がある部品といい，機械を製作するうえで欠くことのできない重要な性質である．

互換性のある機械要素をつくったり，機械要素を組み合わせて機械を組み立てたりする場合に，はめあいと標準化という考え方が必要になってくる．

1-2-1 はめあい

（1）「はめあい」の生い立ち[4]

「はめあい」の狙いは，機能上差し支えない範囲に2部品の寸法精度を決めることで，過剰品質とせずに互換性をもたせることができる設計値を示すことである．

このコストパフォーマンスを伴う互換性の部品寸法設計の考えは，米国の銃の生産段階で生まれたものといわれている．米国開拓の時代に，重たく，部品の互換性のないヨーロッパ製の銃では，現地先住民の軽装武器（弓矢と馬など）に対抗できなかったために，小型・軽量で部品の互換性があり，大量生産が可能な銃が必要とされた．この背景から，19世紀中頃に，高精度部品で，かつ部品交換が可能な機構部品（銃）の生産が研究され，「はめあい」設計の思想と互換式生産方式が生まれた．この互換性設計思想は，その後の大量生産の時代になるにつれて標準化につながっていく．

（2）はめあいの種類

穴の内径が軸の外径よりも大きければ，軸を穴に抵抗なく差し込むことができ，穴と軸との間にすきまができる．また，穴の内径よりも軸の外径がやや大きければ，軸の弾性変形を利用して圧入または焼ばめしなければ

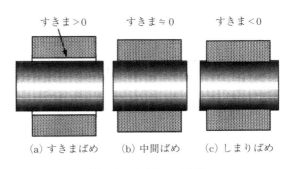

(a) すきまばめ　(b) 中間ばめ　(c) しまりばめ

図1-2　はめあいの種類

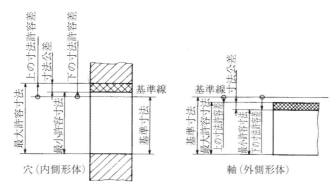

図 1-3　はめあい用語

差し込むことができない．このときの負のすきまをしめしろという．

　穴と軸との間にすきまができるようなはめあいを「すきまばめ」と呼び，また穴の内径より軸の外径が大きく，負のすきまができるはめあいを「しまりばめ」と呼んでいる．これら二つのはめあいの中間で，穴の最小寸法より軸の最大寸法が大きいか，または等しい場合で，かつ穴の最大寸法より軸の最小寸法が小さい場合を「中間ばめ」という（図 1-2）．

（3）寸法許容差・寸法公差

　実際の製造過程では，製品の機能を満たし，かつ加工上も最も有利なように，適当な大小二つの許容限界寸法（最大許容寸法および最小許容寸法）を定め，その間の大きさに品物が仕上がればよいようにしている（図 1-3）．この最大・最小許容寸法の基準寸法からの差を寸法許容差といい，さらに寸法許容差

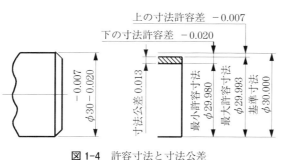

図 1-4　許容寸法と寸法公差

の差，すなわち最大許容寸法と最小許容寸法との差を寸法公差あるいは単に公差という．
図 1-4 のように軸の寸法公差が与えられたとき，$\phi 30$ は基準寸法で，-0.007 は上の寸

表 1-2 基準寸法に対する公差等級 IT の数値例（JIS B 0401-1）[1]

基準寸法 [mm]		公差等級																
		公差																
		IT 1[2]	IT 2[2]	IT 3[2]	IT 4[2]	IT 5[2]	IT 6	IT 7	IT 8	IT 9	IT 10	IT 11	IT 12	IT 13	IT 14[3]	IT 15[3]	IT 16[3]	IT 17[3]	IT 18[3]
を超え	以下	μm												mm				
—	3[3]	0.8	1.2	2	3	4	6	10	14	25	40	60	0.1	0.14	0.25	0.4	0.6	1	1.4
3	6	1	1.5	2.5	4	5	8	12	18	30	48	75	0.12	0.18	0.3	0.48	0.75	1.2	1.8
6	10	1	1.5	2.5	4	6	9	15	22	36	58	90	0.15	0.22	0.36	0.58	0.9	1.5	2.2
10	18	1.2	2	3	5	8	11	18	27	43	70	110	0.18	0.27	0.43	0.7	1.1	1.8	2.7
18	30	1.5	2.5	4	6	9	13	21	33	52	84	130	0.21	0.33	0.52	0.84	1.3	2.1	3.3
30	50	1.5	2.5	4	7	11	16	25	39	62	100	160	0.25	0.39	0.62	1	1.6	2.5	3.9
50	80	2	3	5	8	13	19	30	46	74	120	190	0.3	0.46	0.74	1.2	1.9	3	4.6
80	120	2.5	4	6	10	15	22	35	54	87	140	220	0.35	0.54	0.87	1.4	2.2	3.5	5.4

1) 500 mm 以下の基準寸法に対応する公差等級 IT 01 および IT 0 の数値は、JIS B 0401-1 の附属書 A、表 5 に示されている。
2) 500 mm を超える基準寸法に対応する公差等級 IT 1～IT 5 の数値は、試験的使用のためにに含める。
3) 公差等級 IT 14～IT 18 は、1 mm 以下の基準寸法に対しては使用しない。

法許容差を,また −0.020 は下の寸法許容差をそれぞれ表している.その差 0.013 が寸法公差で,この軸は $\phi 29.980$(最小許容寸法)から $\phi 29.993$(最大許容寸法)の間になければならないことを表している.

この寸法公差の大きさを指示する場合,範囲を示すための標準値があれば便利である.この基準となるのが公差等級 IT(International Tolerance)であり,JIS では ISO 方式に従って**表 1-2** のように標準化している.寸法公差の等級は,IT に公差等級を表す数字をつけて表す.寸法公差 0.013(基準寸法 $\phi 30$)は公差等級 IT 6 に相当する.

寸法公差の位置は,**図 1-5** に示すように基準寸法を示す基準線に近いほうの

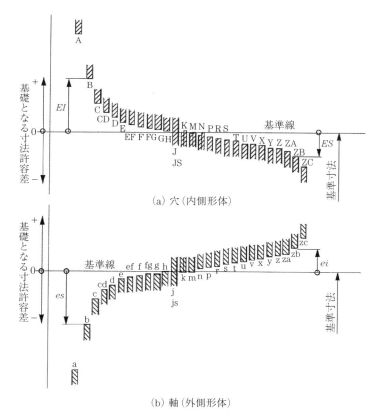

図 1-5 基礎となる寸法許容差の公差域の位置の図による表示(JIS B 0401-1)

寸法許容差を基準に定める．軸と穴の公差域の位置はアルファベットを用いて表し，軸に対してはアルファベットの小文字を，また穴に対しては大文字を用いる．

公差域とは，**図1-6**に示すように基準線に対して定まる上の寸法許容差（軸 es，穴 ES）と下の寸法許容差（軸 ei，穴 EI）の間の領域をいう．公差域の位置は，軸の場合 a〜zc，穴の場合 A〜ZC のそれぞれ28クラスに分けられている．

寸法公差の指示は，軸の場合は $\phi 30\,\mathrm{f}7$，穴の場合 $\phi 30\,\mathrm{F}7$ のように，基準寸法 $\phi 30$ に続けて公差域クラスのアルファベットと公差等級の数字で示す．図1-4の場合の寸法公差は，$\phi 30\,\mathrm{g}6$ という形式で表される．

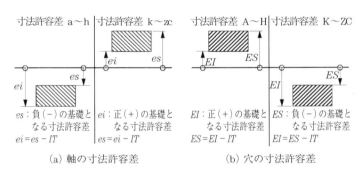

図1-6 軸と穴の寸法許容差

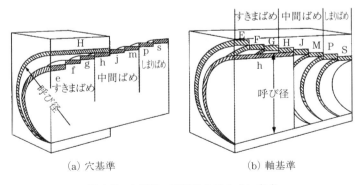

図1-7 穴基準，軸基準のはめあい方式

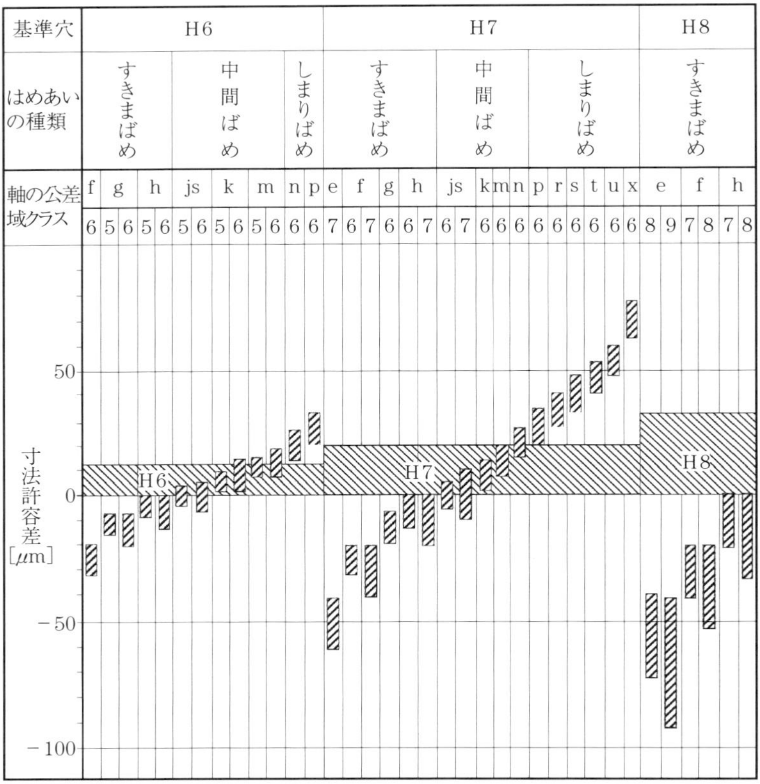

図 1-8　多く用いられる穴基準はめあいの例（JIS B 0401-1）

（4）軸と穴の組合せ

軸と穴のはめあい方式には，**図 1-7** に示すように，穴を基準として各種の軸を組み合わす穴基準方式と，軸を基準として各種の穴を組み合わす軸基準方式がある．一般的には，穴より軸の加工や計測が容易であるため，穴基準方式が採用される．**図 1-8** には，30 mm の穴寸法を基準とした場合のはめあいの種類に対応した軸の寸法公差記号と公差寸法の一例を示す．

1-2-2　標準化

機械要素は共通な機能や構造をもっていて，どの機械にも適用できるような

互換性があり，標準化されていると便利である．標準化されていない場合は，必要な機械要素をそのつど製作しなければならず，
- 大変な時間と労力が必要
- 高コストになる
- 適切な品質が保証されない

といった問題が起きることになる．

　そこで，標準化するには，寸法や精度，材質，強度について一定の標準を定めた規格が必要となる．これは，ある機械分野にとどまらず，すべての機械工業に共通でなければならない．それゆえに，わが国においては，国家規格として日本工業規格（JIS 規格：Japanese Industrial Standard）が制定されている．この JIS 規格は，1995 年以降，製品や部品のグローバル化に対応するために，国際的に制定されている国際標準化機構（ISO：International Organization for Standardization）規格になるべく整合するようなかたちで改定され，規定されるようになった．これは，WTO（世界貿易機関：World Trade Organization）／TBT 協定（貿易の技術的障害に関する協定：Technical Barriers to Trade）(1995 年)により，加盟国が規格を策定するに当たり国際規格を基準とすることが義務づけられたためである．

1-3　機械材料と強度

　機械の必要条件としては，壊れない・安全である・正しく機能することが求められる．その条件を満足させるためには，下記の事項を考慮しなければならない．
1. 適切な材料を使う．
2. 荷重が加わっても壊れない形状・寸法にする．

　機械を構成する部材にどのような力が働き，それに耐えうる材料をどのような基準で選定するのかを調べていく．

1-3-1　力の種類

　材料に作用する外力を荷重と称する．荷重の加わる種類によって材料の内部

12　第1章　機械の基礎知識

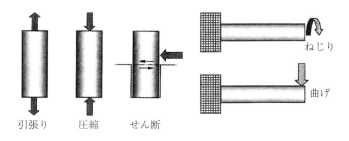

図1-9　荷重の種類

に発生する内力や材料の変形の仕方が異なるので，荷重の種類の分類を示す．
1. 荷重の加わり方による分類（**図1-9**）
   ① 引張荷重
   ② 圧縮荷重
   ③ せん断荷重
   ④ 曲げ荷重
   ⑤ ねじり荷重
2. 荷重を加える速度による分類
   ① 静荷重：極めてゆっくり加わる荷重
   ② 動荷重：荷重の大きさが変動する荷重
      ・繰返し荷重——周期的に繰り返して作用する荷重
      ・衝撃荷重——比較的短い時間に衝撃的に加わる荷重

1-3-2　応力とひずみ

材料に引張りまたは圧縮の荷重が加わると，材料内部に荷重 W と大きさが等しく，逆向きの内力 W_0 が発生し，単位面積当たりの内力の大きさである応力が断面に分布する．

引張荷重によって生じる応力を引張応力，圧縮荷重によって生じる応力を圧縮応力という．荷重を W [N]，断面積を A [m²] とすれば，応力 σ [N/m² = Pa] は式 (1.1) で表される．

$$\sigma = \frac{W}{A} \tag{1.1}$$

また，材料に荷重が加わると，伸びたり縮んだりして変形する．その変形量と元の長さとの割合をひずみという．元の長さ l [m]，変形量 λ [m] とすれば，ひずみ ε は式 (1.2) で表される．

$$\varepsilon = \frac{\lambda}{l} \tag{1.2}$$

材料から荷重を取り去ると，材料内の応力ならびにひずみは消失して，元の状態に戻る．材料のこの性質を弾性といい，この範囲ではひずみは荷重に正比例して変化する．これをフックの法則という．しかし荷重がある一定の限度を超えると，荷重を取り去ってもひずみの一部が残り，元の状態に回復しない．この限度を弾性限度といい，残留して回復しないひずみを永久ひずみという．

弾性限度は，鉄や鋼では明確に現れるが，鋳鉄，銅，砲金などでは極めて不明確にしか現れない．**図 1-10** は，引張試験機で得られた応力-ひずみ線図の例を示したものである．横軸にはひずみ ε，縦軸には応力 σ をとっている．

引張荷重を徐々に増やしていくと，ひずみは応力に比例して大きくなり，点 P に達する．点 P は比例限度といい，フックの法則が成り立つ範囲を示す．さらに荷重を増加させると点 E に到達するが，点 E は弾性限度と呼ばれる．

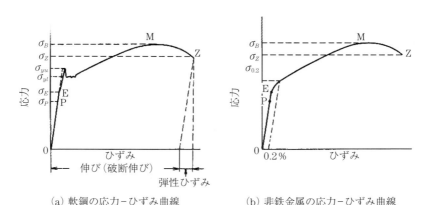

(a) 軟鋼の応力-ひずみ曲線　　(b) 非鉄金属の応力-ひずみ曲線

σ_P：比例限度，σ_E：弾性限度，σ_{yu}：上降伏点，σ_{yl}：下降伏点，$\sigma_{0.2}$：0.2% 耐力，σ_B：引張強さ，σ_Z：破断強さ

図 1-10　応力-ひずみ曲線（模式図）[5)]

点 E 以下の応力であれば，荷重を取り除くとひずみも完全に消える．応力が点 σ_y に到達すると，荷重を増加させなくてもひずみが増加し大きくなる．このような応力を降伏点という．

さらに荷重を増していくと，ひずみは急激に増していき，最大応力点 M を示した後，点 Z で破断する．点 M で示された最大応力を極限強さ σ_B（引張試験では引張強さ，圧縮試験では圧縮強さ）といい，材料の強さを示す目安の値となっている．また，降伏点以降の材料の変形形態を塑性変形という．

図 1-10 (b) には，降伏点が明確に現れない非鉄金属の応力 - ひずみ線図の例を示した．これらの金属では，応力を除去した後の永久ひずみが 0.2 % となるような応力を降伏応力とみなし，耐力と呼ぶ．

1-3-3　機械材料の種類

機械要素に使われる材料の種類は極めて多いが，その大部分は金属材料である．金属材料は，鉄鋼材や合金鋼などの鉄系の材料とアルミニウム合金などの非鉄金属に大別することができる（**表 1-3**）．なお，近年は非金属材料のプラスチック材料が使われる例が多くなってきた．

（1）鋼　　材

炭素鋼も合金鋼も，実用上は熱処理することで表面硬度，強度を上げて使うことが一般的であるが，生材をそのまま使うこともある．

① 炭　素　鋼

・一般構造用圧延鋼

構造用鋼の中で最も大量生産され，あらゆる分野に使用されているのが一般構造用圧延鋼（JIS G 3101，SS 材）である．土木，建築，橋，船舶，車両，その他の構造物の主要構造材または補助強度部材に多量に用いられている．

SS 400 の数値「400」は引張強さを表しており，引張強さ 400 N/mm² の材料であることを示している．

・機械構造用炭素鋼

JIS に規定されている機械構造用炭素鋼は，S09CK から S58C までの 23 種ある．S45C などと表し，数値「45」は鋼に含まれる炭素量の平均値を示している．S45C の場合，0.42～0.48 % の炭素を含むことを示している．炭素

表 1-3　主な機械要素材料の種類

		記号	引張強さ [MPa]
炭素鋼・合金鋼	一般構造用圧延鋼	SS 490	400〜510
		SS 401	490〜610
	機械構造用炭素鋼	S 25 C	440 以上
		S 35 C	510 以上
		S 45 C	570 以上
		S 55 C	650 以上
	構造用合金鋼	SNC 236〜836	735〜931
		SNCM 220〜815	834〜1079
		SCr 415〜445	834〜1030
		SCM 415〜822	785〜981
	ステンレス鋼	SUS 304 オーステナイト系：非磁性	520 以上
		SUS 410 マルテンサイト系：磁性	540 以上
		SUS 430 フェライト系：磁性	450 以上
	工具鋼	SK 140〜60	—
		SKS, SKD, SKT	—
		SKH 2〜59	—
非鉄金属	アルミニウム合金	A 1100 99 % 以上のアルミニウム	88〜167
		A 2017 ジュラルミン	181〜427
		A 7075 超々ジュラルミン	226〜574
	銅合金	C 2801 黄銅（六四黄銅）	333〜578
		C 5212 りん青銅	392〜686

量が増すにつれ引張強さは向上するが，衝撃値は低下する．機械構造用炭素鋼 (S-C 材) に適用される熱処理は，焼ならし，焼なまし，焼入れ，焼戻し，高周波焼入れ，浸炭などがある．炭素量の増減や熱処理でさまざまな性質をもつ鋼に仕上げることができる．

・炭素工具鋼

　JIS規格では，現在，11種の炭素工具鋼（SK140〜60）が規格化されている．上述のS-C材と近い性質をもち，炭素量は0.6〜1.5%，焼入れ硬さはあまり変わらないが，耐衝撃性，耐摩耗性が向上する．このSK材は工具鋼の中でも価格が安く，特に多く出回っている鉄鋼材料の一つである．

② 合 金 鋼

・機械構造用合金鋼

　鋼の強さを増すために，炭素のほかに金属元素を混入した鋼である．JISに規定されている主な鋼種は，クロム鋼（SCr415〜445），ニッケルクロム鋼（SNC236〜836），クロムモリブデン鋼（SCM415〜822）およびニッケルクロムモリブデン鋼（SNCM220〜815）である．これらの鋼材を用いる場合は，機械加工後，焼入れ，焼戻しなどの熱処理を行い，引張強さや硬度を高めて使用する．

・工具用合金鋼

　32種の合金工具鋼（切削工具鋼用8種SKS11〜8，耐衝撃工具鋼用4種SKS11〜8，冷間金型用10種SKS3〜SKD12，熱間金型用10種SKD4〜SKT6），15種の高速度工具鋼（SKH2〜59）が規格化されている．実用的にはJIS規格以外にも各特殊鋼メーカーで独自の鋼種がブランド化されている．

　炭素工具鋼に対して，焼入れ性，切削性能，耐衝撃性，耐摩耗性，不変形性，耐熱性などを必要に応じて改善した鋼である．主な用途は切削工具や金型などで，特に高速切削に適し，摩擦熱による温度上昇によく耐える．

・ステンレス鋼

　11%Cr以上の鉄-クロム合金をステンレス鋼と呼んでいる．Crを約11%以上添加すると，鉄の耐食性は著しく増加し，特に空気中でさびなくなる．さらに，耐食性，加工性などを向上させるためにNiを添加させた種類もある．金属組織の違いにより，Cr系ステンレス鋼のフェライト系およびマルテンサイト系（SUS400番台の数字で表記），Cr-Ni系ステンレス鋼のオーステナイト系（SUS300番台で表記）とに分けられる．

オーステナイト系ステンレス鋼

　この系の代表は18%Cr-8%Ni系のSUS304（18-8ステンレス鋼）で，

炭素量を低く抑え，かつ Ni を添加しているため，酸にも強く，加工性にも優れている．

<u>マルテンサイト系ステンレス鋼</u>

この系の代表は 13 % Cr 系の SUS 403 で，炭素量を高くして焼入れ・焼戻しの熱処理を施し，マルテンサイト組織としたものである．このため，強度，耐摩耗性に優れ，刃物，ゲージ類，ベアリングなどに用いられる．

<u>フェライト系ステンレス鋼</u>

この系の代表は 17 % Cr 系の SUS 430 である．この系は，耐食性，加工性に優れ，オーステナイト系で問題となる応力腐食割れを発生しにくい．

（2）非鉄金属

① アルミニウム合金

展伸用合金と鋳物・ダイカスト用合金があり，さらに，その中で非熱処理形合金と熱処理形合金に大別される．展伸用とは，板材，条，棒，線，管，形材，鍛造品や箔の形状のものを指し，アルミニウムとその合金のほとんどはこの展伸材といわれるものである．鋳物・ダイカスト用とは，砂型，金型にアルミを流し込んで固めた鋳物で，大量生産の場合はダイカストを用いて製造されることも多く，複雑な形状をもつ部品や製品，例えばシリンダヘッドやクランクケース，クラッチハウジング，ピストン，自動車用ミッションケースなどで使われる．アルミニウム合金は，比重が小さいので強さ対重量比が大きく，また加工がしやすいなどの性質をもつほか，熱，電気の良導体である．

② 銅 合 金

加工性，耐食性，熱伝導性，電気導電性などに優れるので，電気機器部品，機械部品に広く使用されている．銅は，種類別に見ると純銅，黄銅（真鍮^{しんちゅう}），青銅，白銅，洋白，キュプロニッケル，ベリリウム銅などがある．純銅以外は，銅に亜鉛や鉛，すず，アルミ，ニッケルなどを単独もしくは複数組み合わせてある銅合金で，銅にはその製法から伸銅品と鋳物があり，実用上は 9 割近くが伸銅品といわれる．また，伸銅の中でも黄銅が最も多く使われる材料となっている．

（3）プラスチック材

プラスチックを分類すると，それを構成する高分子の性質から熱可塑性プラ

表 1-4　プラスチック材の種類

	熱硬化性樹脂	PF	ポリフェノール樹脂
		UF	ユリア樹脂
		MF	メラミン樹脂
		EP	エポキシ樹脂
		SI	シリコーン樹脂
		UP	不飽和ポリエステル樹脂
		PU	ポリウレタン
汎用プラスチック エンジニアリング プラスチック	熱可塑性樹脂	ABS	アクリロニトリルブタジエンスチレン共重合
		PS	ポリスチレン→発泡スチロール
		PPS	ポリフェニレンサルファイド
		PA	ポリアミド（ナイロン）
		PE	ポリエチレン
		PP	ポリプロピレン
		PBT	ポリブチレンテレフタレート
		PET	ポリエチレンテレフタレート
		POM	ポリアセタール
		PTFE	ポリテトラフルオロエチレン→テフロン
		PVC	ポリ塩化ビニール
		PMMA	ポリメタクリル酸メチル（アクリル樹脂）
		PC	ポリカーボネート
		PI	ポリイミド
		PEEK	ポリエーテルエーテルケトン（ピーク）
		PES	ポリエーテルサルホン（ペス）

スチックと，熱硬化性プラスチックとに大別される（**表 1-4**）．特に，耐熱性が 100℃ 以上あり，強度が 49.0 MPa 以上，曲げ弾性率が 2.4 GPa 以上あるプラスチックのことをエンジニアリング プラスチック（エンプラ）と呼ぶ．耐熱性がさらに高い 150℃ 以上の高温で長期使用可能なものをスーパーエンプラという．

① 熱可塑性エンプラ

ポリアセタール，ナイロン（ポリアミド），ポリカーボネート，ポリブチレンテレフタレート（PBT 樹脂）などのように，強靱で剛性が大きく力を受ける用途にも使いうるプラスチックがそれに当たる．実用化されているエンジニアリング プラスチックを列挙すると，上記した 4 材種のほかに，ポリサルホン，ポリエーテルサルホン，ポリエチレンテレフタレート（テトロン樹脂），

PPS 樹脂などがある．

・ポリアミド（PA）

ナイロンともいう．化学構造の違いにより各種ある．耐衝撃性に特に優れている．耐摩擦・摩耗性，耐薬品性（強酸，フェノールを除く），耐油性，ガスバリヤ性に優れる．化学構造上，吸水性が高いため，剛性低下，寸法変化に注意が必要．

・ポリアセタール（POM）

耐疲労性に極めて優れている．耐摩擦・摩耗性，低騒音性，耐薬品性，耐クリープ性，寸法安定性に優れるとてもバランスのよい樹脂である．吸水性は少ない．元来，耐候性に劣るが，最近は紫外線安定剤や顔料の選定による耐候性の向上されたグレードが開発されている．

・ポリカーボネート（PC）

機械的強度あるエンプラの中で，有用な透明のプラスチックとして各産業分野で活用されている．耐熱性，低温特性が良い（使用可能温度 $-100 \sim 140 \, ℃$ と広範囲）．

② **熱硬化性エンプラ**

フェノール，ユリア，メラミン，不飽和ポリエステル，エポキシ，シリコーン，ポリウレタンなどがあり，原料を型に入れ熱を加えて硬化させると，元の原料状態に戻すことも，また再び溶融して再成形することもできないのが特徴である．たとえとして，クッキーとチョコレートで，熱可塑性樹脂が再度溶かして成形できるチョコレートであり，熱硬化性樹脂は，一度焼いたら戻せないクッキーとして例えることができる．

・フェノール樹脂（PF）

機械的強度が優れ，特に高温時でも強度を保持する．耐熱性，耐寒性に優れている．用途は，工業用部品，機械部品（電気絶縁，機械強度，高剛性，高耐摩耗性，耐熱性，耐水性，耐溶剤性），自動車エンジンまわりの電装部品（ガラス充填耐熱グレード）など，広範囲に使用されている．

1-3-4 疲れ強さ

材料に動荷重である繰返し荷重が長時間にわたって作用していると，静荷重

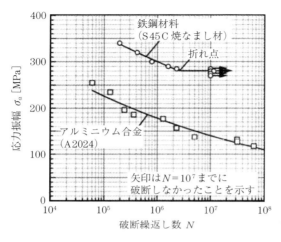

図 1-11 S-N 曲線（回転曲げ疲労）[6]

に比べてはるかに小さい荷重にもかかわらず，ある繰返し回数を超えると，材料は疲労という現象を起こして破壊することがある．このような破壊を疲労破壊という．

疲労に対する材料の強さは，疲労試験機で材料に大きさ一定の繰返し荷重を加えることによって生じる繰返し応力の大きさと，破壊するまでの繰返し回数との関係を調べた S-N 曲線から見ることができる．

図 1-11 に示す S45C 焼なまし材のような低・中強度の鉄鋼材料では，S-N 曲線は $N < 10^7$ で折れ点と呼ばれる点で曲がり，それ以後は水平となる．折れ点以下の応力をいくら繰り返しても破断しないので，この限界応力を疲労限度または耐久限度という．疲労限度は疲労強度設計の重要な基準応力である．また，特定の破断繰返し数に対する S-N 曲線上の応力を時間強度という．一方，黄銅や図に示すアルミニウム合金などの非鉄金属では，S-N 曲線に明瞭な折れ点が現れず，10^7 回の繰返しを超えても，なお下がり続ける曲線となる．

疲労限度は，引張強さの値に比べて半分以下の値であり，機械要素の強さを決める重要な値となっている．

1-3-5　許容応力と安全率

機械要素の設計段階において，実際に使用される状態にあるとき，その機械要素内に生じる応力をどの程度におさえて安全を図るかを決めることが非常に重要になってくる．この適切な応力を許容応力という．

機械要素がその機能を果たせなくなる限界の応力としては，静荷重が作用す

る場合には弾性限界応力や降伏応力，または極限強さがあり，動荷重（繰返し荷重）が作用する場合には疲労限度がある．このような応力を材料の基準強さといい，許容応力と材料の基準強さとの比を安全率という．安全率は，以下の式のように定義される．

$$\text{安全率} = \frac{\text{材料の基準強さ}}{\text{許容応力}} \tag{1.3}$$

この安全率は1以上の値が選ばれる．安全率を大きくとれば，機械は重くなってコストも高くなるので，適切な値を設定する必要がある．安全率は，材料の種類，材料の寸法や形状，材料の表面粗さや使用環境などによって影響され，設計者の経験や起こるかも知れない破損の可能性を考慮して決められる．

したがって，安全率の普遍的な値

表 1-5 アンウィン (Unwin) の安全率

材料	静荷重	繰返し荷重		衝撃荷重
		片振り	両振り	
鋼	3	5	6	12
鋳鉄	4	6	10	15

基準強さ：引張りの降伏点

表 1-6 常温における鉄鋼の許容応力[8]

荷重		許容応力 [MPa]			
		軟鋼	中硬鋼	鋳鋼	鋳鉄
引張り	静荷重	88〜147	117〜176	59〜117	29
	動荷重	59〜98	78〜117	39〜78	19
	繰返し荷重	29〜49	39〜59	19〜39	10
圧縮	静荷重	88〜147	117〜176	88〜147	88
	動荷重	59〜98	78〜117	59〜98	59
曲げ	静荷重	88〜147	117〜176	73〜117	—
	動荷重	59〜98	78〜117	49〜78	—
	繰返し荷重	29〜49	39〜59	24〜39	—
せん断	静荷重	70〜117	94〜141	47〜88	29
	動荷重	47〜88	62〜94	31〜62	19
	繰返し荷重	23〜39	31〜47	16〜31	10
ねじり	静荷重	59〜117	88〜141	47〜88	—
	動荷重	39〜78	59〜94	31〜62	—
	繰返し荷重	19〜39	29〜47	16〜31	—

動荷重とは片振り繰返し荷重，繰返し荷重とは両振り繰返し荷重に相当

は確定されていないため，カーデュロ（F. E. Cardullo）の式やアンウィン（W. C. Unwin）の安全率[7]などの資料を参考に選定する必要がある．**表 1-5** にアンウィンの安全率，**表 1-6** に鉄鋼材料の許容応力[8]を目安として示す．

参考文献

1) F. Reuleaux：Theoretische Kinematik（英訳版：Kinematics of Machinery, Translated and Edited by Alex. B. W. Kennedy, C. E., 1876）．
2) 機械工学便覧 基礎編「機械工学総覧」α 1-1, 日本機械学会．
3) 機械工学便覧 デザイン編「材料学・工業材料」β 2-22, 日本機械学会．
4) エンジニアのための技術講座, 第 96 回はめあい設計 - 1, (株) ミスミ．
5) 機械工学便覧 α 3「材料力学」13 章, p.178, 日本機械学会．
6) 「初心者のための疲労設計法」, 日本材料学会疲労部門委員会発行, p.11．
7) 小西一郎・横尾義貫・成岡昌夫・丹羽義次：『構造力学 第Ⅰ巻』, 丸善, 第 2 版（1986）．
8) 日本規格協会：「JIS にもとづく機械システム設計便覧」（1986）．

第2章　ねじ・ボルト・ナット

2-1　ね　じ

2-1-1　ねじの用途
2-1-2　ねじの形
2-1-3　ねじの製造方法

2-2　ねじの種類，ねじ部品の種類

2-2-1　ねじ山の種類・規格
2-2-2　ねじ部品の種類
2-2-3　ねじ部品の強度

2-3　ねじの力学

2-3-1　ねじの締付け力
2-3-2　ねじの締付け方法

2-4　座金・緩み防止方法

2-4-1　座　金
2-4-2　緩み防止方法

2-5　ボールねじ・静圧ねじ

2-5-1　ボールねじ
2-5-2　静圧ねじ

2-1 ね　じ

　ねじは，日常生活に欠くことのできない必需品である．ねじは，私たちの身のまわりにあるテレビ，冷蔵庫，洗濯機などの家庭電化製品から，自動車，パソコン，ゲーム機，家具，建造物や橋梁に至るまで多岐にわたって使用されている．まさに，玩具から宇宙産業まで広い範囲に使われて，「ねじ」のない生活は考えられない状態である．

　「ねじ」は，形状が螺旋（らせん）状であるため，漢字では「螺子」と書かれたり，「捩じる・捻じる」から「捩子」，「捻子」とも表記された．また，鋲螺（びょうら）と表されることもある．

　　鋲：頭の大きい釘，画鋲
　　螺：ほら貝，渦巻き，螺旋

　これらの呼び方は，ねじを製造している会社名称に現在でも使われていて，「○○ 製鋲」，「○○ 鋲螺」，「○○ 螺子製作所」などを見かけることがある．

　ねじの起源は定かではないが，ねじの形状をした最初のものは，アルキメデス（Archimedes：紀元前 287～212 年）の揚水ポンプであるといわれている．これは，円筒の内部にらせん状の板を設けた構造で，これを回転させると低い位置にある水を汲み上げることができる．

　現在，工業的に生産されているねじの原理は，レオナルド・ダ・ヴィンチ（Leonardo da Vinci：1452～1519 年）が考案した，ねじ切り旋盤に見ることができる．その後，全金属製のねじ切り旋盤を製作したのはイギリスのヘンリー・モーズレイ（Henry Maudslay：1771～1831 年）で，精密なねじを製作できるようになった．

　「ねじ」は，小さな部品であるが，たった 1 本なくても困る重要な部品でもある．また，ねじが破損したり，脱落したりした場合，人命に関わる大きな事故を引き起こすこともありうることを，ねじを扱う場合には認識しておく必要がある．したがって，機械要素としてねじを扱う場合，その使い方を十分に理解しておくことが大切である．

2-1-1 ねじの用途

（1）締結用ねじ

ねじは，部品と部品を締め付けて動かないようにするために使われる（図2-1）．必要に応じて，部品の取外しが簡単なことがねじの特徴の一つである．

（2）送り用ねじ

ねじは回転運動を直線運動に変換することができ，1回転当たりに決まった距離だけ進む．その特徴を利用して，高精度な長さ測定に利用できる．マイクロメータなどがその例である（図2-2）．

（3）力伝達用ねじ

小さな回転力を大きな直線力に変換するために利用している．万力（図2-3）やジャッキ，プレス機械などに使われる．

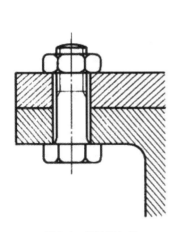

図2-1 締結用ねじ

図2-2 送り用ねじ（マイクロメータ）

図2-3 力伝達用ねじ（万力）

2-1-2 ねじの形

(1) ねじの形状・リード

図2-4のように,半径 r の円筒に直角三角形(底辺の長さ:$2\pi r$,斜辺の角度 β)を巻き付けると,三角形の斜辺は円筒面上につる巻線(らせん)を描く.ねじは,このつる巻線に沿って三角形や台形などの溝を付けたものである.1回転して進む長さをリード L といい,β をリード角,γ をねじれ角という.

(2) おねじ・めねじ各部の名称

図2-5に,おねじとめねじ各部の名称を示す.ねじが円筒の表面にできているものをおねじ,円筒状の穴の内面にできているものをめねじといい,これらを組み合わせることで,ねじとしての役割を果たすことができる.

ねじの大きさは,おねじの場合は外径を,またねじの場合は谷の径を代表径(呼び径)として表す.ねじ山から次のねじ山までの距離をピッチといい,おねじとめねじは,山の形状,呼び径,ピッチが一致しないと,はまり合わない.なお,図中の有効径とは,ねじの山の部分とねじの谷の部分の軸方向の幅が等しくなるような仮想的な円筒の直径である.

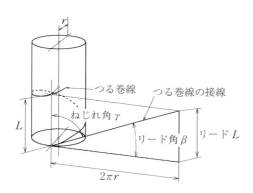

図2-4 ねじの形状,つる巻線

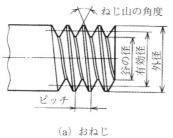

(a) おねじ

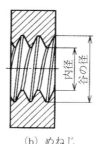

(b) めねじ

図2-5 おねじとめねじ各部の名称

（3）右ねじれ・左ねじれ・多条ねじ

ねじは，つる巻線の巻かれる向きによって右ねじと左ねじがあり，一般には右ねじが用いられているため，右ねじについては，「右」を付けずに「ねじ」と呼んでいる．図 2-6 に示すように，つる巻線が右上がりに巻かれているねじが右ねじ，左上がりに巻かれているねじが左ねじである．

右ねじは，おねじを時計回り（右回り）に回転させるとめねじの中に入っていき，左ねじは逆に反時計回り（左回り）に回転させるとめねじの中に入っていくねじである．

左ねじは，自転車の左側のペダルや扇風機の羽根を固定するねじに使われている．理由は，モータなどが右回転すると，右ねじで固定するとねじに対して左回転の力が掛かるので，固定しているねじが緩んでしまったり脱落してしまう危険性があるためである．

図 2-7 に示すように，1 本のひもを円筒に巻き付けたようにねじ山がつくられたねじを一条ねじ，2 本，3 本のひもを巻き付けたように山がつくられたねじを二条ねじ，三条ねじ（二条ねじ以上を多条ねじという）と呼ぶ．

一条ねじでは，ピッチとリードは同じ値であるのに対して，二条ねじではリードはピッチの 2 倍の値となる．多条（n 条）ねじではリードが，ピッチの n 倍になり，1 回転で進む

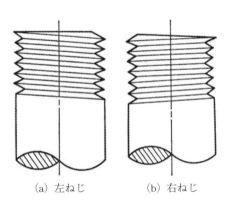

(a) 左ねじ　　　(b) 右ねじ

図 2-6　右ねじと左ねじ

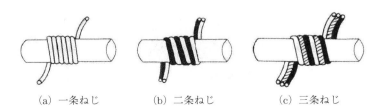

(a) 一条ねじ　　(b) 二条ねじ　　(c) 三条ねじ

図 2-7　一条ねじと多条ねじの説明図

距離が大きくなるため,ペットボトルのキャップ,食品容器のふた,万年筆のキャップなどのねじとして使用されている.

2-1-3 ねじの製造方法

(1) タップ・ダイス

めねじをつくるときはタップ,おねじをつくるときはダイスと呼ばれる工具を使う(図2-8).タップは,通常 タップハンドルに固定して手動で使用する.マシニングセンタで使用するときは,タップホルダに取り付ける.ダイスもダイスハンドルに固定して手動で使用する.

(2) 旋削・フライス切削

旋削で少量のねじ切り作業を行う場合,旋盤,ターレット旋盤が使用され,大量のねじを生産する場合には,ねじ切り旋盤が使用される(図2-9).

ねじ山の大きなねじの生産には,1山ねじフライスカッタを取り付けたねじ切りフライス盤が使用される.3軸同時ヘリカル補間機能をもつマシニングセンタでは,多山ねじ切りフライスでめねじ加工ができ,タップ加工でのトラブルを解決し,無人化・自動化への方法として注目された.

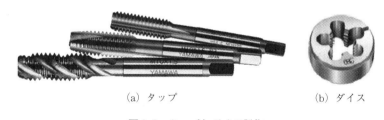

(a) タップ　　　　　　　　　(b) ダイス

図2-8　タップとダイス製作

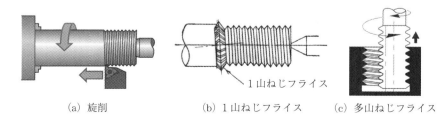

(a) 旋削　　　　(b) 1山ねじフライス　　(c) 多山ねじフライス

図2-9　旋削・フライス切削によるねじの製作

(3) 転　造

　ねじ山を塑性加工によって成形する加工方法を転造という．素材を転造ダイスという工具に押し付けながら転がすことによって，ダイス面のねじ山が素材に移り，ねじ山が成形される．転造は，加工方法でいえば冷間圧造になり，切削と違って金属組織を切断せずに，ねじ山に沿った連続した金属組織を得ることができ，切削ねじに比べて強度が高くなる．大量に均一なねじを製造することができる加工方法である．

　ねじ転造の方式は，**表 2-1** のように大きく 3 方式に分類される[1]．また，**図 2-10** に，ねじ転造の各方式の原理図と写真を示す．

表 2-1　各転造方式の比較

方式	ダイスの数	精度	生産速度 [個/min]	最大径 [mm]	工具費	ワーク軸の向き	用途
丸ダイス式 (2ローラ式)	2個	上	～20	150	高	水平	精度の高いもの，形状不規則な部品，ウォーム
ロータリ式	ローラ1個，セグメント1個	中	～1500	25	高	傾斜	一般量産用
平ダイス式	2個	中	～600	25	低	垂直または傾斜	一般量産用

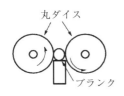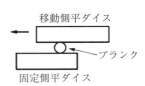

(a) 丸ダイス式　　(b) ロータリ式　　(c) 平ダイス式

図 2-10　ねじ転造の方式

2-2 ねじの種類・ねじ部品の種類 （小ねじ・ボルト・ナット）

2-2-1 ねじ山の種類・規格

ねじ山には，**図 2-11** に示すような種類がある．

（1）三角ねじ

ねじ山の角度が 60°のメートルねじとユニファイねじには，ピッチの値により並目（なみめ）ねじと，細目（ほそめ）ねじがある．並目ねじは，一般締結用として用いられ，細目ねじは，並目ねじに比べピッチが細かいため，緩みが問題になる箇所や精密送り用などに用いられる．

① メートルねじ

直径，ピッチをミリメートルで表したねじ．ISO が国際規格として取り上げたねじで，最も一般的に使用されているねじである．なお，呼び径が 0.3〜1.4 mm の小さいねじについては，ミニチュアねじとして JIS B 0201 に規定されている．

② ユニファイねじ

航空機，その他の限られた用途に用いられ，インチ単位で寸法が決められており，単にインチねじとも呼ばれる．このねじのピッチは，1 インチ（1 in ＝ 25.4 mm）当たりのねじ山の数で表される．

③ 管用ねじ

管（くだ），管用部品，流体機械などの接続に用いるねじで，平行ねじとテーパねじがある．ねじ山の角度は 55°で，寸法はインチ単位である．管用テーパねじは，管内を流れるガス，液体などが漏れないように締結部の密封性に重点が置かれ，管用平行ねじは，構造用鋼管などの機械的結合用として用いられる．

（2）台形ねじ

現在は，ねじ山の角度が 30°で，直径およびピッチをミリメートルで表したメートル台形ねじが規定されている．従来から使われていた山の角度が 29°で，直径はミリメートル，ピッチはインチ単位の 29°台形ねじの規格は廃止さ

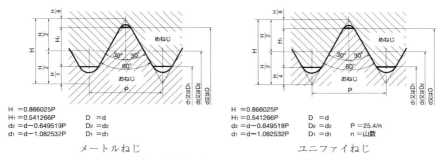

(a) 三角ねじ（JIS B 0205, JIS B 0206）

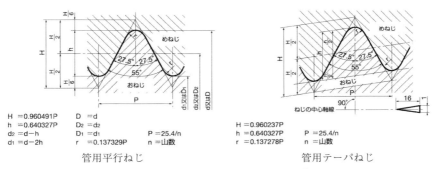

(b) 管用ねじ（JIS B 0202, JIS B 0203）

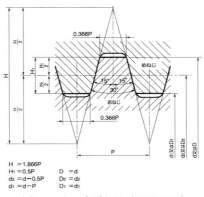

(c) メートル台形ねじ（JIS B 0216）

図 2-11　ねじ山の種類

れた．台形ねじは，三角ねじに比べて摩擦が小さいことから，工作機械の親ねじや送りねじ，ねじプレスや万力などの正確な伝動と強度を要する箇所に用いられる．

（3）角ねじ

ねじ山の断面形が正方形に近いねじで，三角ねじと比べて摩擦抵抗が少なく，ねじ効率が良いため，大きな力の伝達や移動用に適しているが，ねじの加工が困難で，精度の高いねじが製作できないことから，一般的ではない〔**図2-12**(a)〕．

（4）その他（のこ歯ねじ・丸ねじ・自転車ねじ・ミシン用ねじ）

特殊用途ねじにはたくさんの種類があるが，身近な例として，のこ歯ねじ，丸ねじ，自転車ねじ，ミシン用ねじの紹介をする．

① のこ歯ねじ

ねじ山の断面が角ねじと三角ねじを組み合わせたのこ刃形状をしており，1方向からのみ大きな力が作用する場合に使用する〔**図2-12**(b)〕．このねじは，締付け状態から速やかにねじを緩めることができる．

② 丸ねじ

山頂と谷底の丸みが非常に大きいのが特徴である〔**図2-12**(c)〕．衝撃を受けるところや，ごみや砂などの微粉が入る恐れのある移動用のねじに用いられる．また，取付け作業を迅速に行う場合やホースの連結などにも使用される．

③ 自転車ねじ

イギリスの自転車技術協会で定めた BSC ねじおよびこれに類する自転車，その他，これに準じるものに用いるねじ．

④ ミシン用ねじ

ミシン専用のねじで，ねじ山の角度は 60°である．

(a) 角ねじ　　　(b) のこ歯ねじ　　　(c) 丸ねじ

図 2-12 特殊用途のねじ山

2-2-2 ねじ部品の種類

ボルト，ナットなどのように，その一部にねじをもった部品をねじ部品といい，数多くの種類がJISによって規格化されている．

（1）ねじ部品の規格
① ねじ部品のサイズ規格

表2-2に，ねじ部品用に選択したサイズ（JIS B 0205：2001）を示す．設計者は，設計仕様にあった寸法，形状を規格の中から選ぶことになる．表中の第1選択とあるのは，特に支障がなければ，この欄の呼び径の中から選ぶことが望ましいという意味である．

② 種類による表し方

ねじを記号で表す場合には，JIS規格（JIS B 0123：1999）で決められた表し方がある．**表2-3**に，ねじの種類に対応した記号と各部の寸法などの表し方を示す．表に示されるように，ねじの表し方（ピッチをミリメートルで表すねじの場合）は，

表2-2 ねじ部品用に選択したサイズ
（JIS B 0205-3：2001）

呼び径 D, d		ピッチ p		
第1選択	第2選択	並目	細目	
1	—	0.25	—	—
1.2	—	0.25	—	—
—	1.4	0.3	—	—
1.6	—	0.35	—	—
—	1.8	0.35	—	—
2	—	0.4	—	—
2.5	—	0.45	—	—
3	—	0.5	—	—
—	3.5	0.6	—	—
4	—	0.7	—	—
5	—	0.8	—	—
6	—	1	—	—
—	7	1	—	—
8	—	1.25	1	—
10	—	1.5	1.25	1
12	—	1.75	1.5	1.25
—	14	2	1.5	—
16	—	2	1.5	—
—	18	2.5	2	1.5
20	—	2.5	2	1.5
—	22	2.5	2	1.5
24	—	3	2	—
—	27	3	2	—
30	—	3.5	2	—
—	33	3.5	2	—
36	—	4	3	—
—	39	4	3	—
42	—	4.5	3	—
—	45	4.5	3	—
48	—	5	3	—
—	52	5	4	—
56	—	5.5	4	—
—	60	5.5	4	—
64	—	6	4	—

　ねじの種類を表す記号　ねじの呼び径を表す数字　×　ピッチ

となっている．したがって，M8，M8×1などと表す．

表2-3 ねじの種類を表す記号およびねじの呼びの表し方例（JIS B 0123）

区分	ねじの種類		ねじの種類を表す記号	ねじの呼びの表し方の例	引用規格
ピッチをmmで表すねじ	メートル並目ねじ		M	M8	JIS B 0205
	メートル細目ねじ			M8×1	JIS B 0207
	ミニチュアねじ		S	S0.5	JIS B 0201
	メートル台形ねじ		Tr	Tr10×2	JIS B 0216
ピッチを山数で表すねじ	管用テーパねじ	テーパおねじ	R	R¾	JIS B 0203
		テーパめねじ	Rc	Rc¾	
		平行めねじ	Rp	Rp¾	
	管用平行ねじ		G	G½	JIS B 0202
	ユニファイ並目ねじ		UNC	⅜-16UNC	JIS B 0206
	ユニファイ細目ねじ		UNF	No.8-36UNF	JIS B 0208

表2-4 ねじの等級の表し方（JIS B 0123）

区分	ねじの種類	めねじ・おねじの別		ねじの等級の表し方の例	引用規格
ピッチをmmで表すねじ	メートルねじ	めねじ	有効径と内径の等級が同じ場合	6H	JIS B 0215
		おねじ	有効径と外径の等級が同じ場合	6g	
			有効後と外径の等級が異なる場合	5g6g	
		めねじとおねじとを組み合わせたもの		6H/5g 5H/5g6g	
	ミニチュアねじ	めねじ		3G6	JIS B 0201
		おねじ		5h3	
		めねじとおねじとを組み合わせたもの		3G6/5h3	
	メートル台形ねじ	めねじ		7H	JIS B 0217
		おねじ		7e	
		めねじとおねじとを組み合わせたもの		7H/7e	
ピッチを山数で表すねじ	管用平行ねじ	おねじ		A	JIS B 0202
	ユニファイねじ	めねじ		2B	JIS B 0210
		おねじ		2A	JIS B 0212

2-2 ねじの種類・ねじ部品の種類（小ねじ・ボルト・ナット） 35

左ねじ（LH）や多条ねじ，ねじの等級を加えて表したい場合には，**表 2-4** や **表 2-5** のような表示方法に従う．

③ **ねじ部品に対する部品等級**

ねじ部品には，ねじ部やねじ部以外の形状，寸法の仕上がり状態，精度に

表 2-5 ねじの表し方の例（JIS B 0123）

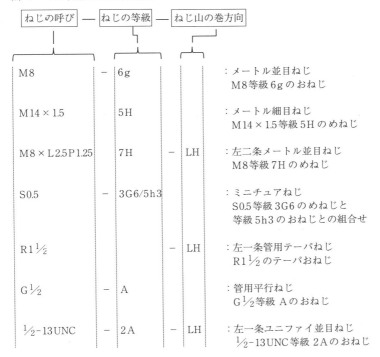

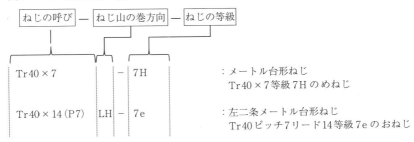

表 2-6 鋼製ねじ部品に対する部品等級とその精度水準

部品等級	公差の水準		ねじの等級		適用する部品
	軸部および座面	それ以外の形体	めねじ	おねじ	
A	精	精	6H	6g	一般用ねじ部品
B	精	粗	6H	6g	
C	粗	粗	7H	8g	

よって部品等級 A, B および C の 3 等級 (JIS B 1021 : 2003) が規定されている．等級 A が最も厳しく，等級 C が最も緩い公差である．**表 2-6** に，JIS B 1021 : 2003「締結用部品の公差 — 第 1 部：ボルト，ねじ，植込みボルト及びナット — 部品等級 A, B 及び C」から抜粋して部品等級の種類を示す．

④ ねじ部品の材料

ねじ部品の材料は，多くは鉄鋼材料であるが，非鉄金属材料やプラスチック材料も使用されている．使用用途に応じて，適切な材料を選択しなければならない．

鉄鋼材料には，一般的な炭素鋼 (SC 材, SS 材, SWCH 材：冷間圧造用炭素鋼線材など) や，強度の高い合金鋼 (SNC 材, SNCM 材, SCM 材など)，耐食性をもつステンレス鋼 (オーステナイト系，マルテンサイト系，フェライト系) などがある．炭素鋼および合金鋼からできているねじを鋼製ねじ部品，ステンレス鋼からできているねじをステンレス鋼製ねじ部品と呼ぶ．

非鉄金属材料は，銅製，銅合金製，アルミニウム合金製，チタン製，チタン合金製，マグネシウム合金製などのねじ部品がある．銅および銅合金にはいろいろな種類があるが，ねじ用には CU1〜CU7 の 7 種類に区分けされている (JIS B 1057：非鉄金属製ねじ部品の機械的性質)．アルミニウムおよびアルミニウム合金にもいろいろな種類があるが，ねじ用には AL1〜AL6 の 6 種類に区分けされている．

(2) 六角ボルト・六角ナット・六角穴付きボルト
① 六角ボルト・六角ナットの種類

ボルトの頭部およびナットが六角につくられたものを六角ボルト，六角ナットと呼んでいる (**図 2-13**)．六角ボルト，六角ナットの規格は，1985 年に大改正が行われ，1979 年に制定された ISO 規格に準拠した規格を JIS の本規格と

(a) 六角ボルト　　　　　　　(b) 六角ナット

図 2-13　六角ボルトと六角ナット

し，従来規格方式も即座になくすことはできないので，附属書として残し，この附属書には新しい設計では使わないのが望ましいと付記されている．したがって，しばらく ISO 方式と ISO によらない方式のねじが混在することになっている．本書では，新 JIS に沿って説明する．

六角ボルトは，**図 2-14** に示すように形状から呼び径六角ボルト，有効径六角ボルト，および全ねじ六角ボルトの 3 種類に区別される．

・呼び径六角ボルト：ボルトの軸部が，ねじ部と円筒部からなっていて，円筒部の直径がほぼねじの呼び径に等しいねじ．
・有効径六角ボルト：円筒部の直径がほぼ有効径に等しいねじ．
・全ねじ六角ボルト：ボルトの軸部全体がねじ部で，円筒部のないねじ．

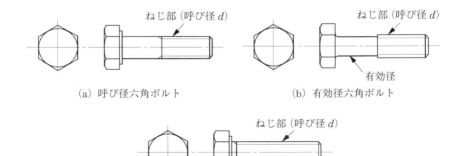

図 2-14　六角ボルトの種類

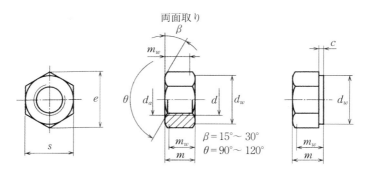

図2-15 六角ナット（<JIS B 1181> スタイル1：$m ≒ 0.8\,d$, スタイル2：$m ≒ 0.9\,d$）

六角ナットは，呼び高さにより六角ナットおよび六角低ナットの2種類に区分されている．六角ナットは，部品等級Aおよび部品等級Bのものに対して，呼び高さの違いにより，スタイル1およびスタイル2に分類されている（**図 2-15**）．

ねじの呼びM16以下のものを部品等級A, M16を超えるものを部品等級Bとしている．またスタイル2の高さmは，スタイル1のものより約10％高くなっている．高強度ボルトと組んで用いる場合，スタイル1では変形する恐れがあるときスタイル2が選ばれる．

六角低ナットは，高さがねじの呼び径の約0.5倍で，スタイルによる区分はなく，両面取りか面取りなしの2種類がある（**図 2-16**）．六角低ナットは，スタイル1のナットと組み合わせて二重ナットとして用いるほか，強度上問題なければ単独で用いることもできる．

以上の六角ナットの部品等級はAまたはBであるが，高さがねじの呼び径の約0.8〜1倍で部品等級Cの六角ナットもある．

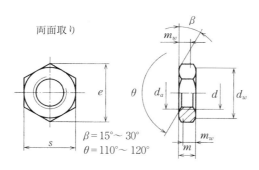

図2-16 六角低ナット（<JIS B 1181> $m ≒ 0.5\,d$, 両面取り）

2-2 ねじの種類・ねじ部品の種類（小ねじ・ボルト・ナット） 39

(a) 六角穴付きボルト

(b) 六角レンチ

図 2-17 六角穴付きボルトとレンチ

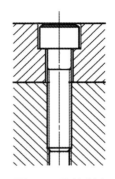
図 2-18 取付け例

② **六角穴付きボルト**

図 2-17 に，六角穴付きボルト（JIS B 1176）と六角レンチ（JIS B 4648：六角棒スパナ）の形状を示す．頭部は直径がねじの呼び径の約 1.5 倍の円筒形で，その中に六角形の穴が設けられている．この穴に六角レンチを差し込み，締付けを行う．

六角ボルトに比べ，狭い場所でも締付けが可能であり，**図 2-18** のようにボルトの頭部を締結部に沈めたい場合などに適する．材質が鋼の場合，一般に合金鋼（SCM 材など）を用いており，六角ボルトに比べて強度は高い．部品等級は A で，M1.6〜M64 のねじが規定されている．

（3）部材の締結方法

ボルトを用いて部材を締結する方法として，**図 2-19** に示す方法がある．

① **押えボルト**

ねじ込みボルト，タップボルトとも呼ばれ，六角ボルトをねじ込んで取り付

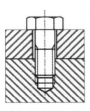
(a) 押えボルト

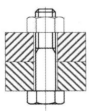
(b) 通しボルト

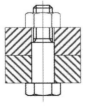
(c) リーマボルト

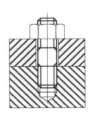
(d) 植込みボルト

図 2-19 ボルトによる部材の締結方法

ける．締結する一方の部材が厚く，通し穴を加工できない場合や，通しボルトでは締付け作業ができない場合などに用いられる．ナットを押える必要がなく，一つの工具だけで締付けができるので，組立て性に優れている．

② 通しボルト

二つの部品にボルト外径より少し大きな穴をあけて，ボルトとナットで締め付ける．ねじ加工ができない薄板や加工工数を少なくするときに用いるが，組立て上は工具が必要であり，作業性は悪い．しかし，通しボルトは，ねじを切る手間が省けるので，実際の製作が容易である．

③ リーマボルト

リーマボルトとは，リーマ仕上げをした穴にしっくりはめ込み，ずれ止めの役目もさせる六角ボルトである．リーマボルトは，精度が高くなめらかなリーマ仕上げした穴に研削仕上げした円筒部をもつボルトを通して締め付けるため，取付け精度が高い．横方向の力をせん断力として受けるため，大きな力に耐えることができる．このため，クレーンのサドルや機械部品の位置決めおよび構造部材の継手などに多く使用されている．

④ 植込みボルト

植込みボルトは，**図 2-20** に示すように，両端におねじをもつボルトで，その一方は部材のねじ穴にねじ込まれ，他方にナットをはめて締め付ける．植込み側は角面取り，ナット側を丸面取りとしている．植込み側のねじ部長さ b_m は，ねじ込まれるめねじ側の材質によって3種類のものが定められており（JIS B 1173），選定の目安は次のとおりとなる．

1種 ($b_m ≒ 1.25d$)：めねじ側の材質が鋼または鋳鉄の場合
2種 ($b_m ≒ 1.5d$)：めねじ側の材質が鋼または鋳鉄の場合
3種 ($b_m ≒ 2d$)：めねじ側の材質が軽合金の場合

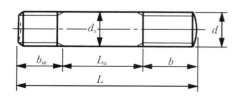

図 2-20 植込みボルト

機械を分解するときに，ボルトは本体に残しておきたいとき，例えばエンジンのシリンダヘッドの締付けなどや，取付け，取外しを頻繁に行わなければならない場合などに用いられる．

（4）小ねじ・止めねじ・タッピンねじ

① 小ねじ（JIS B 1101，JIS B 1111）

呼び径が1～8 mmのねじを小ねじという．頭部には，すりわり（−）や十字穴（＋）が設けてあり，この穴にドライバ（ねじ回し）を差し込んで回すことで，締め付けたり緩めたりする．家電製品などによく使われているねじである（図2-21）．十字穴は，ロボットで締めやすく，自動化しやすいなどのメリットがあるため，多く用いられている．ばね座金や平座金があらかじめ組み込まれている座金組込みねじもよく使用されている．

ISOには4種類の頭部形状が規定されているが，JISでは，将来廃止する

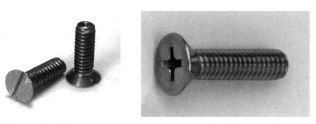

(a) すわり付き小ねじ　　　(b) 十字穴付き小ねじ

図 2-21　小ねじの形状

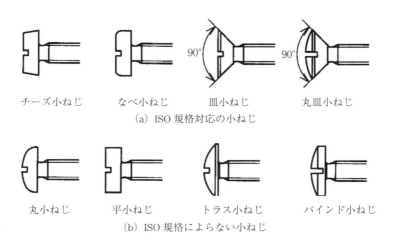

図 2-22　小ねじの種類

(a) 六角穴付き　(b) すりわり付き　(c) 十字穴付き　(d) 四角

図 2-23　止めねじの種類

予定の4種類を加えた8種類の小ねじが規定されている（**図 2-22**）．

② **止めねじ**（JIS B 1177，JIS B 1117，JIS B 1118）

六角穴付き，すりわり付き，十字穴付きの頭部のないねじと四角頭とがあり，ねじの先端部にて機械部品などの固定，位置決めに使用される止めねじで，先端の形状には，平先，とがり先，棒先，くぼみ先，丸先などがある．**図 2-23** に種類，また **図 2-24** に使用例を示す．

・六角穴付き止めねじ（JIS B 1177）

ホーローセット（イモねじ）とも呼ばれ，最大の特徴は何といってもねじ頭部がねじ部と同じ大きさであるという点である．その名前のとおり，頭部に六角形の穴の付いたねじで，JIS の正式名称は「六角穴付き止めねじ」という．ホーローセット（イモねじ）は，**図 2-25** に示すように，さまざまな先端の形状がある．一般的には，くぼみ先を使用することが多い

ボール入り止めねじ

図 2-24　止めねじの使用例[2]

といえるが，用途によって適した形状を選定する．

③ **タッピンねじ**（JIS B 1115，JIS B 1122，JIS B 1123）

タッピンねじとは，めねじ加工が施されていない下穴に直接 締付けができるねじである（**図 2-26**）．相手材（主に鋼材）の下穴を開けたところに，ねじ自らねじ立てをしながら締付けを行うねじで，ねじ立て作業の手間を省き，

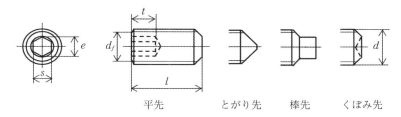

図 2-25 六角穴付き止めねじの形状図

図 2-26 タッピングねじ，ドリルねじ

ねじにガタつきがないため，緩みにくいのが特長である．下穴の寸法は，材質や板厚などにより作業性を重視すると大きめに，また締付け強さを重視の場合は小さめの穴サイズとする．主に，薄鋼板（1.2 mm 以下に最適），ハードボード，木材，石綿などに使われる．

　すりわり付きタッピングねじおよび十字穴付きタッピンねじには，小ねじと同様，頭部形状により「なべ」，「皿」，「丸皿」の種類がある．

　タッピングねじのねじ部のねじ先形状として，図 2-27 に示す C 形と F 形の 2 種類が規定されている（JIS B 1007）．

・タッピンねじのねじ山をもつドリルねじ（JIS B 1124）

　ドリルねじとは，タッピンねじの先端がドリル状になっているもので，下穴削孔＋めねじ成形＋締結を一度にすべてをドリルねじ 1 本で行うことができる（図 2-26）．作業の省力化に大変優れたねじである．

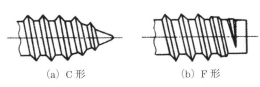

図 2-27 タッピングねじのねじ先形状

2-2-3 ねじ部品の強度

ねじ部品は，機械の部品と部品を結合するために用いられるが，ねじがどの程度の強度をもっているかを調べて，選定する必要がある．適切な強度のねじを選択しなければ，ねじの破損を招き，機械が故障し大きな事故につながる可能性もある．そのため，ねじ部品の強度は JIS に規定されており，それを用いて適切なねじを選定することができるようになっている．

（1）鋼製ボルト，ねじおよび植込みボルトの強度区分

ねじの強さを分類するのが強度区分である．ボルトの強度区分の表し方は，引張強さと降伏点を下記のように数値記号で示す（**図 2-28**）．

$\boxed{4.8}$ $\boxed{5.6}$

これらの数値の意味は，次のようになる．

- 1の位の数字（ここでは4あるいは5）：引張強さ（N/mm²）を100で割った値を示す．「4」の場合の引張強さは 400 N/mm² となる．
- 小数点以下の1桁の数字（ここでは8あるいは6）：「呼び降伏点あるいは耐力」を「引張強さ」で割った値であり，呼び降伏点あるいは耐力が引張強さの 0.8 あるいは 0.6 倍であることを示す．したがって，「4.8」の降伏点は $400 \times 0.8 = 320$ N/mm² となる．

表 2-7 に鋼製ボルトの強度区分と機械的性質（引張強さ，降伏点および保証荷重応力）との関係，**表 2-8** に六角ボルトと六角穴付きボルトの強度区分と部品等級，ねじの公差等級とともに示す．

なお，ステンレス鋼製ボルトの場合には，強度区分の代わりに性状区分で表し，A2-70 のように表示され，これらの数字・記号の意味は，以下のようになる．

- A2-70 の表示：最初の2桁の文字および数字は鋼種区分を示し，後ろの強度区分を示す2桁の数字は，最小引張強さを N/mm² で表した数字の 1/10 の値を示す．したがって，A2-70 というのは，オース

図 2-28 ボルトの強度

表 2-7 ボルト, ねじおよび植込みボルトの機械的性質 (JIS B 1051)

機械的または物理的性質			強度区分							8.8		9.8	10.9	12.9
			3.6	4.6	4.8	5.6	5.8	6.8		$d \leq 16$ [mm]	$d > 16$ [mm]			
呼び引張強さ $R_{m,nom}$ [N/mm²]			300	400	400	500	500	600		800	800	900	1000	1200
最小引張強さ $R_{m,min}$ [N/mm²]			330	400	420	500	520	600		800	830	900	1040	1220
下降伏点 R_{eL} [N/mm²]	呼び		180	240	320	300	400	480		—	—	—	—	—
	最小		190	240	340	300	420	480		—	—	—	—	—
0.2% 耐力 $R_{p0.2}$ [N/mm²]	呼び				—			—		640	640	720	900	1080
	最小				—			—		640	660	720	940	1100
保証荷重応力 S_p	S_p/R_{eL} または $S_p/R_{p0.2}$		0.94	0.94	0.91	0.93	0.9	0.92		0.91	0.91	0.9	0.88	0.88
	N/mm²		180	225	310	280	380	440		580	600	650	830	970
破壊トルク M_B [N·m]	最小				—	20	—	—		12	12	JIS B 1058 による		
破断伸び A [%]	最小		25	22	—		—	—				10	9	8

表 2-8 六角ボルトと六角穴付きボルトの強度区分と部品等級 (JIS B 1180, JIS B 1176)

種類				ねじの呼び径の範囲	公差	呼び径および強度区分		
ボルト	ねじのピッチ	部品等級				鋼	ステンレス	非鉄金属
呼び径六角ボルト	並目	A		1.6〜24	6g	3〜39mm：5.6, 8.8, 10.9 $d<3$mm おおよび $d>39$mm：当事者間協定	$d≦24$mm：A2-70, A4-70 $24<d≦39$mm：A2-50, A4-50 $d>39$mm：当事者間協定	JIS B 1057による
	細目	A		8〜24				
	並目および細目	B		1.6〜64				
全ねじ六角ボルト	並目	A		1.6〜24				
	細目	A		8〜24				
	並目および細目	B		1.6〜64				
呼び径六角ボルト	並目	C		5〜64	8g	$d≦39$mm：3.6, 4.6, 4.8 $d>39$mm：当事者間協定	—	—
全ねじ六角ボルト	並目	C						
有効径六角ボルト	並目	B		3〜20	6g	全サイズ：5.6, 6.8, 8.8	全サイズ：A2-70	JIS B 1057による
六角穴付きボルト	並目	A		1.6〜64	5g 6g	3〜39mm：8.8, 10.9, 12.9 $d<3$mm および $d>39$mm：当事者間協定	$d<24$mm：A2-70, A3-70, A4-70, A5-70 $24≦d≦39$mm：A2-50, A3-50, A4-50, A5-50 $d>39$mm：当事者間協定	当事者間協定
	細目	A		8〜64	6g	$d≦39$mm：8.8, 10.9, 12.9 $d>39$mm：当事者間協定	$d≦24$mm：A2-70, A3-70, A4-70, A5-70 $24<d≦39$mm：A2-50, A3-50, A4-50, A5-50 $d>39$mm：当事者間協定	当事者間協定

表 2-9 保証荷重－並目ねじ（メートルねじ）（JIS B 1051）

ねじの呼び	有効断面積 $A_{s,nom}$ [mm²]	強度区分 保証荷重 ($A_{s,nom} \times S_p$) N									
		3.6	4.6	4.8	5.6	5.8	6.8	8.8	9.8	10.9	12.9
M3	5.03	910	1130	1560	1410	1910	2210	2920	3270	4180	4880
M3.5	6.78	1220	1530	2100	1900	2580	2980	3940	4410	5630	6580
M4	8.78	1580	1980	2720	2460	3340	3860	5100	5710	7290	8520
M5	14.2	2560	3200	4400	3980	5400	6250	8230	9230	11800	13800
M6	20.1	3620	4520	6230	5630	7640	8840	11600	13100	16700	19500
M7	28.9	5200	6500	8960	8090	11000	12700	16800	18800	24000	28000
M8	36.6	6590	8240	11400	10200	13900	16100	21200	23800	30400	35500
M10	58.0	10400	13000	18000	16200	22000	25500	33700	37700	48100	56300
M12	84.3	15200	19000	26100	23600	32000	37100	48900	54800	70000	81800
M14	115	20700	25900	35600	32200	43700	50600	66700	74800	95500	112000
M16	157	28300	35300	48700	44000	59700	69100	91000	102000	130000	152000
M18	192	34600	43200	59500	53800	73000	84500	115000	—	159000	186000

テナイト系ステンレス鋼 A 2（SUS 304, SUS 305, SUS XM 7 ほか）を用いて冷間加工した引張強さ 700 N/mm² 以上のものを示すことになる．

以下に，オーステナイト系ステンレス鋼の鋼種区分，強度区分を示す．

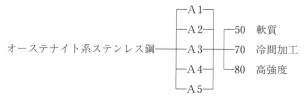

表 2-7 の引張強さ，降伏点または耐力，および保証荷重応力に有効断面積を掛ければ，それぞれ引張荷重，降伏荷重または耐力荷重，および保証荷重が得られる．

保証荷重とは，完全ねじ部の長さが 6 ピッチ以上あるねじにナットを取り付け，軸方向に 15 秒間荷重を加えた後，荷重除去後の永久伸びが 12.5 μm 以下であることを保証する荷重のことである．

ねじの有効断面積 A_s は下記にて求めることができる．

$$A_s = \frac{\pi d_s^2}{4}, \quad d_s = \frac{(\text{有効径} + \text{谷径})}{2} = d - 0.93819 P \quad (2.1)$$

表 2-9 にメートルねじの有効断面積 A_s と保証荷重を示す．例えば，強度区分 10.9 M 6 の鋼製ボルトの保証荷重は，

　　　　　［保証荷重応力］830 N/mm² ×［有効断面積］20.1 mm² ≒ 16 700 N

となる．

（2）鋼製ナットの強度区分

六角ナットの強度区分と部品等級，ねじの公差等級との関係を **表 2-10** に，また鋼製ナットの強度区分と保証荷重との関係を **表 2-11** に示す．ナットの強度区分は整数で表され，4, 5, 6, 8, 9, 10, 12 の 7 種類が規定されていて，その数値の 100 倍が呼び保証荷重応力を示す．ナットの保証荷重は，ナットにおねじをねじ込み，軸方向に荷重を 15 秒間負荷した場合，ナットが破壊したり，ねじ山がせん断することなく，また荷重除去後，ナットが指で回せることを保証する荷重を指す．

表 2-12 に，ナットの強度区分とそれに組み合わせるボルトの強度区分を示

表2-10 六角ナットの強度区分と部品等級、ねじの公差等級（JIS B 1181）

種類		部品等級	ねじの呼び径の範囲	公差	呼び径および強度区分		
ナット	ねじのピッチ				鋼	ステンレス	非鉄金属
六角ナット-スタイル1	並目	A	1.6~16	6H	並目：3~39mm：6, 8, 10 細目：$d≦39$mm：6, 8 細目：$d≦16$mm：10 $d<3$mmおよび$d>39$mm：当事者間協定	$d≦24$mm：A2-70, A4-70 $24<d≦39$mm： 並目：A2-50, A4-50 細目：A2-50, A4-70 $d>39$mm：当事者間協定	JIS B 1057による
	細目	A	8~15	6H			
	並目および細目	B	18~64	6H			
六角ナット-スタイル2	並目	A	5~16	6H	全サイズ 並目：9, 12 細目：8, 12	—	—
	細目	A	8~16	6H			
	並目および細目	B	18~36	6H	全サイズ 並目：9, 12 細目：10		
六角穴付きボルト		C	5~64	7H	$d≦16$mm：5 18~39mm：4, 5 $d>39$mm：当事者間協定	—	—
六角低ナット-両面取り	並目	A	1.6~16	6H	3~39mm：04, 05 $d<3$mmおよび$d>39$mm：当事者間協定	$d≦24$mm：A2-035, A4-035 $24<d≦39$mm：A2-025, A4-025 $d>39$mm：当事者間協定	JIS B 1057による
	細目	B	8~16	6H			
	並目および細目	B	18~64	6H			
六角低ナット-面取りなし	並目	B	1.6~10	6H	硬さ110HV30	—	JIS B 1057による

表 2-11 鋼製ナットの強度

ねじの呼び	ピッチ	ねじの有効断面積 A_s	04	05	4	5
	[mm]	[mm²]	低形	低形	スタイル1	スタイル1
M3	0.5	5.03	1910	2500	—	2600
M3.5	0.6	6.78	2580	3400	—	3550
M4	0.7	8.78	3340	4400	—	4550
M5	0.8	14.2	5400	7100	—	8250
M6	1.0	20.1	7640	10000	—	11700
M7	1.0	28.9	11000	14500	—	16800
M8	1.3	36.6	13900	18300	—	21600
M10	1.5	58.0	22000	29000	—	34200
M12	1.8	84.3	32000	42200	—	51400
M14	2.0	115	43700	57500	—	70200
M16	2.0	157	59700	78500	—	95800
M18	2.5	192	73000	96000	97900	121000
M20	2.5	245	93100	122500	125000	154400
M22	2.5	303	115100	151500	154500	190900
M24	3.0	353	134100	176500	180000	222400

表 2-12 呼び高さが $0.8d$ 以上のナットの強度区分およびそれと組み合わせるボルト（JIS B 1052）

ナットの強度区分	組み合わせるボルト		ナット	
	強度区分	ねじの呼び範囲	スタイル1	スタイル2
			ねじの呼び範囲	
4	3.6, 4.6, 4.8	> M16	> M16	—
5	3.6, 4.6, 4.8	≦ M16	≦ M39	—
	5.6, 5.8	≦ M39		
6	6.8	≦ M39	≦ M39	—
8	8.8	≦ M39	≦ M39	> M16 ≦ M39
9	9.8	≦ M16	—	≦ M16
10	10.9	≦ M39	≦ M39	—
12	12.9	≦ M39	≦ M16	≦ M39

一般に，高い強度区分に属するナットは，それより低い強度区分のナットの代わりに使用することができる．ボルトの降伏応力または保証荷重応力を超えるようなボルト・ナットの締結には，この表の組合せより高い強度区分のナットの使用を推奨する

区分と保証荷重（JIS B 1052）

強度区分						
6	8		9	10	12	
保証荷重値（$A_s \times S_p$）N						
スタイル1	スタイル1	スタイル2	スタイル2	スタイル1	スタイル1	スタイル2
3 000	4 000	—	4 500	5 200	5 700	5 800
4 050	5 400	—	6 100	7 050	7 700	7 800
5 250	7 000	—	7 900	9 150	10 000	10 100
9 500	12 140	—	13 000	14 800	16 200	16 300
13 500	17 200	—	18 400	20 900	22 900	23 100
19 400	24 700	—	26 400	30 100	32 900	33 200
24 900	31 800	—	34 400	38 100	41 700	42 500
39 400	50 500	—	54 500	60 300	66 100	67 300
59 000	74 200	—	80 100	88 500	98 600	100 300
80 500	101 200	—	109 300	120 800	134 600	136 900
109 900	138 200	—	149 200	164 900	183 700	186 800
138 200	175 600	170 900	176 600	203 500	—	230 400
176 400	225 400	218 100	225 400	259 700	—	294 000
218 200	278 800	269 700	278 800	321 200	—	363 600
254 200	324 800	314 200	324 800	374 200	—	423 600

す．ねじを締め付け過ぎた場合は，ボルトの軸部が破断を起こすか，ボルトまたはナットのねじ山がせん断破壊を起こす．強度区分の組合せを誤った場合も，締め付けた際に，強度の弱い方のねじが破損する恐れがある．

表2-12に従って，ナットの強度区分ごとにナットとこれに対応するボルトを組み合わせた場合，この組合せは，ねじ山のせん断破壊を起こすことなく，ボルトの保証荷重または降伏荷重に相当する引張力に達するまで締付けをすることができるように考慮されている．しかし，ボルトの保証荷重を超える締付けが行われたとしても，過大に締め付けられたねじ結合体の個々のロットで少なくとも10％の数量割合で，ボルトの破断が起こるようにナットは設計されている．

2-3 ねじの力学

ねじは，つる巻状の斜面と同じであるので，ねじの働きは，斜面上にある物体を押し上げ，または押し下げる作用と同じと考えることができる．そこで，ねじに働く力について調べる．

2-3-1 ねじの締付け力

図 2-29 に示すような角ねじで，ナットに与える締付けトルク $T(Pd_2/2)$ と締付け力（ねじの軸方向に働く力：軸力）F との関係は，斜面の原理から次のようになる．

軸方向の力 F を受ける物体を，ナットを回すための水平接線力 P を与えて押し上げるとする．斜面の垂直力は $(F\cos\beta + P\sin\beta)$ であるから，斜面の摩擦係数を μ とすると，摩擦力は $\mu(F\cos\beta + P\sin\beta)$ となり，斜面に沿った力のつり合いから，次式が成り立つ（β はリード角）．

$$P\cos\beta = F\sin\beta + \mu(F\cos\beta + P\sin\beta) \tag{2.2}$$

また，図より摩擦係数 μ は

$$\tan\rho = \frac{\mu F}{F} = \mu \tag{2.3}$$

という関係が得られることから，式 (2.2) の μ に式 (2.3) を代入して P について整理すると，

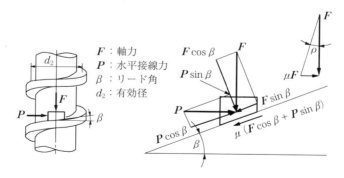

図 2-29 締付け力と水平接線力との関係（ρ：摩擦角）

$$P = \frac{\tan\rho + \tan\beta}{1 - \tan\rho\tan\beta} F = F\tan(\rho + \beta) \qquad (2.4)$$

となる．したがって，水平接線力 P がねじの有効径 d_2 上に作用しているとすると，締付け力 F とそれを生じさせるトルク T との関係は，$P = T/(d_2/2)$ であるから，式 (2.4) から次式が成り立つ．

$$F = \frac{T}{\{\tan(\rho + \beta) \cdot (d_2/2)\}} \qquad (2.5)$$

この式から，β が小さければ，締付け力は大きくなることがわかる．ジャッキや万力のねじは，β を小さくすることによって大きな軸力を得ている．また，並目ねじより細目ねじのほうが大きな締付け力を得られる．

なお，緩める場合は，水平接線力の向きが逆となり，次式のようになる．

$$P = F\tan(\rho - \beta) \qquad (2.6)$$

したがって，式 (2.6) より，次のことがわかる．

・$\rho < \beta$ の場合：

$P < 0$ となり，軸力でめねじは自然に回り下がることになる．

・$\rho > \beta$ の場合：

$P > 0$ となり，軸力だけではめねじは回らない．締結用ねじにはこの条件が必要である．

次に，三角ねじの場合について調べる．三角ねじでは，ねじの斜面に垂直に働く力は，**図 2-30** より $F/\cos(\alpha/2)$ となり，図 2-29 の角ねじの場合の $1/\cos(\alpha/2)$ 倍となる．しかし，ねじのつる巻線に直角な断面でのねじ山の角度 α' は，次のようになる．

$$\tan(\alpha'/2) = \tan(\alpha/2)\cos\beta \qquad (2.7)$$

これより，斜面の力のつり合いは，

$$P\cos\beta = F\sin\beta + \mu\left\{F\frac{\cos\beta}{\cos(\alpha'/2)}\right.$$
$$\left. + P\frac{\sin\beta}{\cos(\alpha'/2)}\right\} \qquad (2.8)$$

となり，また摩擦係数 μ' は次式より得られる．

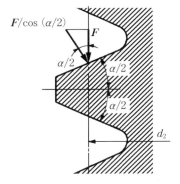

図 2-30 三角ねじに掛かる力

$$\tan\rho' = \frac{\mu}{\cos(\alpha'/2)} = \mu' \tag{2.9}$$

これらの関係より，水平接線力 P は次式となる．

$$P = F\tan(\rho' + \beta) \tag{2.10}$$

　三角ねじの場合の摩擦係数 μ' と角ねじの場合の摩擦係数 μ との関係は，式 (2.9) より $\mu' > \mu$ であるので，三角ねじは角ねじより摩擦作用が大きく，角ねじは移動用，三角ねじは締結用に適していることがわかる．

2-3-2　ねじの締付け方法

　締結用ねじの目的は，部材と部材をある程度の強さをもって結合しておくことである．締結用ねじには，次のことが要求される．
- 使用中に破損しないこと
- 使用中に緩まないこと
- 使用中に外力によって，ねじ軸方向のすきまを生じないこと
- 締め付けられた部材と部材とが，ねじ軸直角方向にすべらないこと

　これらの要求を満たすための締付け方法について考えてみる．図 2-31 に示す締付けトルクと締付け力との関係は，次式で与えられる．

$$T = T_{th} + T_b \tag{2.11}$$

ここで，T：締付けトルク，T_{th}：ねじ部トルク，T_b：座面トルクである．

　ねじ部トルクと座面トルクは，次式から得られる．

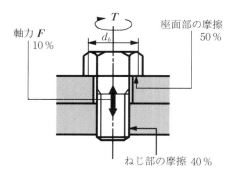

図 2-31　締付けトルク

$$T_{th} = \frac{d_2}{2} F\tan(\rho' + \beta) \tag{2.12}$$

$$T_b = \frac{d_b}{2} F\mu_b \tag{2.13}$$

ここで，d_b：ナット座面接触部の平均直径，μ_b：ナット座面接触部の摩擦係数である．

　これらの式を式 (2.11) に代入して比例定数 K とねじの呼び径 d を

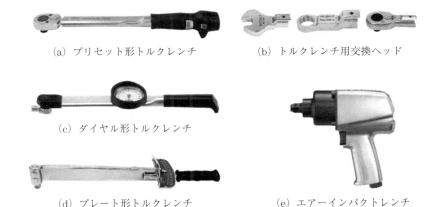

図 2-32　トルクレンチおよびインパクトレンチ

用いると，次式で表すことができる．

$$T = KFd \tag{2.14}$$

この場合の比例定数のことをトルク係数と呼ぶ．平均的な値として，ねじ面および座面の摩擦係数 $\mu_b, \mu'：0.15$，リード角 $\beta = 2.5°$，有効径 $d_2 = 0.92\,d$，平均直径 $d_b = 1.3\,d$ とすると，$K ≒ 0.20$ となる．締付けトルクの約 90 % は，ねじ面および座面の摩擦によって消費される．したがって，締付けトルクの約 10 % が締付け力（軸力）に使われる．

　さて，適正な締付け力を得るためには，適正な締付けトルクでねじを締め付ける必要がある．ねじの締付け管理方法については，「ねじの締付け通則」（JIS B 1083）が規格化されているが，ここでは詳細を省略する．適正な締付けトルクでねじを締め付けるために，図 2-32 に示すようなトルクレンチを使用する．

2-4　座金・緩み防止方法

　締め付けたねじは緩んでほしくない．しかし，メンテナンスとか運搬とかのときに分解可能とするためにねじが使用されるので，緩まないと目的を達成できないという相反することを要求されている．

そこで，緩み防止の一つの手段として使われる座金についてと，緩みの原因を理解し，緩み防止の方法とを調べる．

2-4-1 座　金

ボルトやナットを締め付けるとき，締付け部の座面が軟らかい材質であったり，平滑でなかったりしたとき，緩み防止の目的で座金が用いられる．座金には，**図 2-33** に示すようにいろいろな形のものがある．JIS 規格には，平座金（JIS B 1250，JIS B 1256）とばね座金（JIS B 1251）が規定されている．

ばね座金の種類には，コイル状をしたばね座金，皿ばね座金，歯付き座金，波形ばね座金が規定されている．

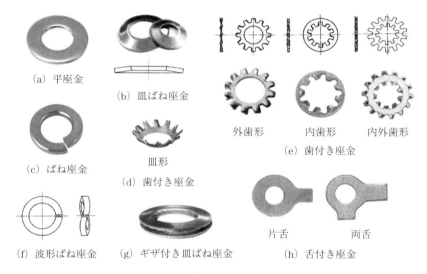

図 2-33　各種の座金

2-4-2　緩み防止方法

ねじが使用中に緩んでしまう原因を調査し，緩み防止の方法を考える．

（1）緩みの原因

緩みの原因は，ナットが回転しないで生じる緩みと，ナットが回転して生じる緩みに分けて調べると，下記の原因が挙げられる．

① ナットが回転しないで生じる緩み … 軸力低下による
　・初期緩み（表面の凹凸部がへたって軸力の低下）
　・陥没緩み（過大締付けで締付け部の食込み）
　・微動摩耗による緩み（締結部同士が相対的にすべり，わずかずつ摩耗）
　・密封材の永久変形による緩み（フランジ接合部のガスケットのへたりなど）
　・熱的原因による緩み（熱膨張係数の違う部材の締結で高温・低温時軸力低下）
② ナットが回転して生じる緩み
　・軸回り方向の繰返し外力による戻り回転
　・軸直角方向の繰返し外力による戻り回転
　・軸方向の繰返し外力による戻り回転

（2）緩み防止対策

ねじの緩みを防止するために，いろいろな方法やボルト，ナット，座金，取付け方法などが考案されている．比較的多く使用されている代表的な方法を紹介する．

① 座　　金

最も簡単なものは，ばね座金（スプリングワッシャ）であり，ねじないしナットに軸方向の予圧を与えることにより緩み防止効果をもたせる．より効果のあるのは，2枚のプレートで構成されたギザ付き皿ばね座金であり，その片側は互いがかみ合う面として凹凸が形成され，その反対側は取付け面またはナットやボルト座面に食い込むようにギザ面が設けられている．また，舌付き座金は，一部突き出た部分を折り曲げてナットに巻き付けて緩み止め，回り止め機能として使用する．

② ねじ面の摩擦力増強

摩擦力を増大させるための方法として，ⓐ 板ばねやナイロンをナットに組み込んでおねじとかみ合わせる方法，ⓑ コイルスプリングをねじ溝に挿入して，ねじの緩み方向に回転すると，スプリング径が増大して摩擦力を増す方法，ⓒ ねじ面をわずかに変形させることにより，おねじとめねじ間で適正確実な摩擦力を確保する方法などがある．このようなナットをプリベリングトル

(a) 全金属製（プリベリングトルク形）六角ナット　　(b) ナイロンインサート付き六角ナット

図 2-34　プリベリングトルク形戻り止めナット

ク形戻り止めナット（prevailing torque type steel nuts，図 2-34）と呼んでいる（JIS B 1056，JIS B 1199）．定義および形式は，次のようになる．

　プリベリングトルク形戻り止めナットの定義（JIS B 0101 ねじ用語）：
　「相手おねじ部品にねじ込みまたはねじ戻すときに必要なトルクが発生するような仕掛けを施した戻り止めナット」
　次の形式がある．
・全金属製（プリベリングトルク形）六角ナット
・ナイロンインサート付き（プリベリングトルク形）六角ナット

③ **二重ナット（ダブルナット）**

図 2-35 のように，二つのナットを互いに逆方向に作用（羽交い絞め，ロッキング）させることにより，ねじ面で軸方向での締付け力を生み出して緩みを防止する．締め方は，最初に下のナットを締め付け，次に上のナットを締める．最後に，上ナットを固定して，下ナットを逆回転で約 1.5 倍のトルクで締め付ける[3]ことにより，ボルトの軸力が減少してもナット間の接触圧力は失われなくなる．

また，図 2-36 に示すように，ナットのボス部を偏心テーパ加工した下ナットと，それとかみ合う部分を真円テーパ加工した上ナットを用いる方法がある．下ナットを先に取り付け，規定トルクで締め付け，次に上ナットを締め付けると，テーパ部分の偏心効果によりナットのねじ山がボルト

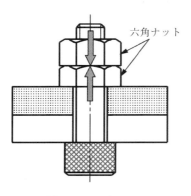

図 2-35　二重ナット

のねじ山にくさびのように押し付けられ，大きな摩擦力を発生させ，緩み止め効果を発揮することになる．

④ **ボルトまたはナット座面の摩擦力増強**

図 2-37 に示す座面の接触面を大きくしたフランジ付きボルト・ナットが挙げらる．その座面に，さらにギザ面を加工したものもある．

⑤ **嫌気性接着剤**

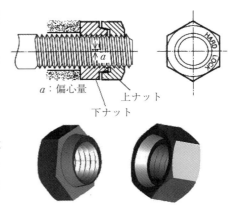

図 2-36　ハードロックナット

空気が遮断されると硬化する接着剤で，ねじ面に接着剤を塗り締めることにより，ボルトとナットが固定される．簡便で，緩み止めの効果は優れているが，接着剤の硬化に時間がかかる．

⑥ **溝付き六角ナット**（JIS B 1170）

図 2-38 のように，溝付き六角ナットをボトルに挿入し締め付けた後，ナットの溝に合わせてドリルで割りピンの入る穴を開ける．割りピンをボルトに開

図 2-37　フランジ付きボルト・ナット

図 2-38　溝付きナットと割りピン

けた穴に貫通させナットの溝にはめ込み，回転しないようにする．これによりナットの回転を抑制でき，ナットの緩み防止や，きつく締まらない位置でナットを止めるのに使うことができる．溝付きナットは，キャッスルナットと呼ぶこともある．

2-5　ボールねじ・静圧ねじ

これまで，主に締結用ねじについて見てきたが，ここでは送り用ねじとして使われているボールねじと静圧ねじについて説明する．

2-5-1　ボールねじ (JIS B 1192)

ボールねじは，例えばNC（数値制御）工作機械の送り機構を構成し，精密位置決め精度を得るために使用されたり，またUFOキャッチャーのようなアミューズメント機器において，景品をつかむアームの前後左右の移動（搬送）に使用されたりしている（**図2-39**）．ボールねじは，ねじ軸とナット間でボールが転がり運動をするため高い効率が得られる送りねじである．ナットの内部でボールを循環させるにはリターン機構が必要であり，その構造は次のようになっている．

（1）構　　造[5]

ボールねじは，ねじ軸とナットとの間にボール（鋼球）を介在させ，鋼球が回転しながら循環する構造になっていて，チューブ方式，エンドキャップ方式，デフレクタ方式，エンドデフレクタ方式がある（**図2-40**）．

① チューブ方式

一般的なボールねじの循環方式で循環部品としてU字形に曲げたチューブを使用する．負荷能力を増すために，一つのナットに循環部を複数列組み込むことができる．

図2-39　ボールねじの外観[4]

2-5 ボールねじ・静圧ねじ　61

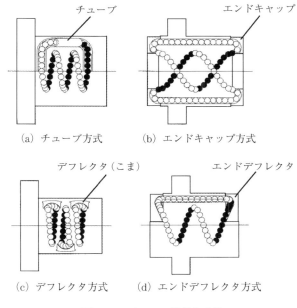

(a) チューブ方式　　(b) エンドキャップ方式

(c) デフレクタ方式　(d) エンドデフレクタ方式

図 2-40 ボールの循環方式[5]

この方式のリードの適用範囲は，小リードのものから高リードのものまで製作が可能である．

② エンドキャップ方式

ナットの両端に取り付けるエンドキャップに鋼球をすくい上げ戻す機能をもたせた循環方式である．ナット本体に鋼球が行き来するための貫通穴が開けられている．高リードサイズ（例えば，ねじのリードがねじ軸外径の2倍，3倍など）に採用される．

③ デフレクタ方式

現在まで製作されているボールねじの循環方式としては，最もコンパクトで回転バランスに優れる方式である．ねじ軸とナットの間を転動する鋼球はナット内部に挿入されたデフレクタに導かれ，1リード毎に循環され，一つのサーキットを構成している．

④ エンドデフレクタ方式

ナット両端に組み込まれるエンドデフレクタに鋼球をすくい上げ戻す機能を

もたせ，ナット本体には鋼球が行き来するための貫通穴が開けられている．この方式は，無理なく鋼球を循環させる構造となっている．これにより，高周速性と静粛性を実現し，さらにコンパクトなナット形状となっている．中リード（例えば，ねじのリードがねじ軸外径の1倍，1.5倍など）に採用される．

（2）ボールねじの特徴

ボールねじの長所と短所は，次のようになる．

① 長　所

- 摩擦が小さく，効率は高い：**図 2-41** に，ボールねじのリード角，摩擦係数，効率の間の関係を示す．ねじとナットの間の接触面における摩擦係数 μ は，すべりねじで $\mu = 0.1 \sim 0.2$ 程度であるのに対して，ボールねじでは $\mu = 0.002 \sim 0.005$ 程度になる．したがって，効率は高く 90 % を超える．
- ねじ軸を回転駆動するトルクを 1/3 以下にすることができる．したがって，ボールねじを駆動するモータの小型・軽量化ができる．
- 起動摩擦トルクと運動摩擦トルクの差が小さく，またスティック・スリップを生じにくい．
- ナットを2個使うか，または，あらかじめ大きな直径の玉を使うかによってナットに予圧をすることができる．
- 高い送り精度を容易に実現することができる．
- ボールねじの摩耗寿命と転がり疲れ寿命は計算によって予測できるので，運転の信頼性を高められる．
- 寸法も精度も国際的に標準化されているので，使いやすく，コストパフォーマンスが良い．

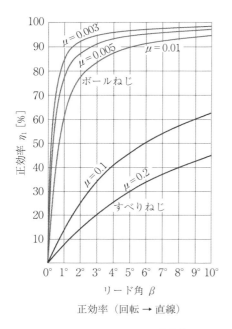

図 2-41　ボールねじの効率[6]

② 短　所

- ボールの転動と循環運動に伴う微

振動や騒音は避けられない.

・耐衝撃性や減衰性はやや劣る.

・ボールの転動面への異物侵入により精度不安定になる可能性がある.

2-5-2 静圧ねじ

静圧ねじは，ねじ軸とナットの間につくった微小なすきまに加圧した作動流体として油または空気を強制的に入れることによって，ねじ軸とナットを非接触に保つことができる．両者の間の接触はなくなるので，摩擦がほとんどゼロとなり，摩耗は生じない．超精密非球面金型加工機や半導体製造装置などの超精密位置決め機構に使われた例がある．ねじ溝の工作が大変なことと，油圧または空圧発生装置が必要となるので高価となる．

図 2-42 の空気静圧送りねじの例では，ナット部に多孔質セラミックスを用いたことにより，スパイラル状の複雑な形状に高剛性の得られる多孔質絞りを形成できた．また，おねじを角ねじとすることにより，軸直角方向の力を加えずに加工できるため，加工精度を飛躍的に高めることが可能となり，軸方向剛性が 170 N/μm，最小送りステップ送りを 1 nm とすることができたと報告されている[7].

セラミック製制圧空気送りねじの詳細な構造

図 2-42 空気静圧送りねじ（セラミック製静圧空気送りねじの詳細な構造）[7]

図 2-43 の油静圧ねじ[8]では，高い送り位置決め精度を実現するため，1 本の環状ポケットだけで構成されたナットが採用されている．ナットは，一対の油静圧軸受を対向させる形のダブルナット構造をとっているため，

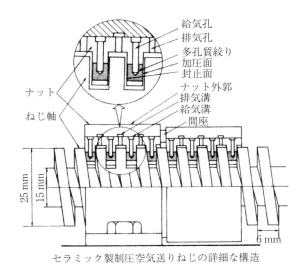

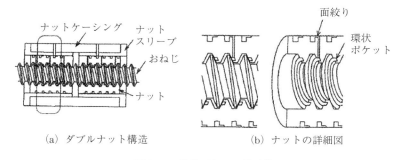

(a) ダブルナット構造　　　　(b) ナットの詳細図

図 2-43　油静圧ねじの構造[8]

軸受すきまの調整が可能であり，一定の圧力に保たれた作動油は，それぞれのナット外周に設けた微小段差を利用した面絞りを通過してポケットに流れ込む．ポケットは，それぞれのナットのフランク面にらせん状に設けてあるため，ポケット内圧力をラジアル方向に積分した値はゼロとなり，軸方向には完全な流体潤滑膜を形成して非接触で支持しながらも，ラジアル方向の支持能力はほぼゼロとすることが可能である．これにより，スティック・スリップに代表される非線形的挙動をまったく起こさないうえ，ねじ軸回転の影響が油静圧スライドの真直精度や姿勢誤差に及びにくい理想的な駆動機構となりうるとの報告がされている．

参 考 文 献

1) 転造ダイス，Technical Data シリーズ No.21，オーエスジー（株）．
2) NTN 金剛製作所：ベアリングユニットの構造．
3) 酒井智次：ねじ締結概論（増補），養賢堂 (2003)．
4) NSK：「高負荷駆動用ボールねじ」，カタログ．
5) クロダボールねじ総合カタログ．
6) ボールねじの特徴，THK テクニカルサポート．
7) 石原　直：「静圧空気ねじにおける高性能化技術」，精密工学会誌，**61**, 3 (1995)．
8) 上　芳啓：「油静圧ねじ」，日本機械学会 2002 年次大会講演資料集（Ⅷ）(2002)．

第3章　軸系要素

3-1　軸の種類

3-2　軸の材料

3-3　軸の設計

    3-3-1　軸の規格
    3-3-2　軸に加わる力
    3-3-3　軸直径を求める
    3-3-4　応力集中
    3-3-5　危険速度

3-4　軸継手

    3-4-1　軸継手の種類
    3-4-2　軸継手の選定の要点

3-5　キーなどによる軸への固定方法

    3-5-1　キーとキー溝
    3-5-2　テーパリング
    3-5-3　止めねじ，その他

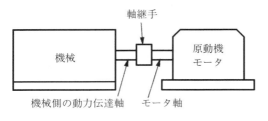

図 3-1 軸と軸継手

多くの機械は，回転運動を利用している．回転運動を伝える最も基本的な要素が軸（シャフト：shaft）と軸継手（カップリング：couplings）である（図 3-1）．

本章では，動力源（モータなどの原動機）からの動力を機械に伝達することを主目的とした軸と，動力源と機械の軸をつなぐための軸継手とを，設計・製作する際に必要となる事柄について概説する．

3-1 軸の種類

軸は，用途によって分類すると次のようになる．

（1）機 械 軸

動力を回転運動で伝達し，種々の作業を行うための軸で，主にスピンドル（spindle）と呼ばれる（図 3-2）．回転機械の軸，変速機軸，工作機械の主軸，ハードディスクの回転軸などがある．荷重による変形が小さく，高い軸の回転精度（ぶれの少なさ）が要求される．

（2）車　　軸

駆動軸でない車両軸で，回転しても動力を伝達することは目的とせず，車体の重量を支持する軸である（図 3-3）．主に曲げ作用を受

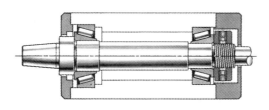

図 3-2　機械軸（スピンドル）例

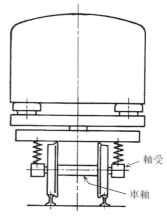

図 3-3　車軸例

ける軸で，自動車，鉄道車両，航空機の車輪の軸などがある．

（3）伝 動 軸

回転することで動力を伝えることを主目的とする軸で，主にねじり作用を受ける．プーリや歯車などを取り付け動力伝達する軸や，モータの出力軸（図 3-4）などがある．

（4）そ の 他

・クランク軸（crank shaft）

往復直線運動を回転運動に変換したり，その逆の変換を行うため軸である（図 3-5）．曲げおよびねじり作用が衝撃的に繰り返し作用する．

・たわみ軸（flexible shaft）

回転軸の方向を自由に変えながら小さな動力を伝達することができる軸である．

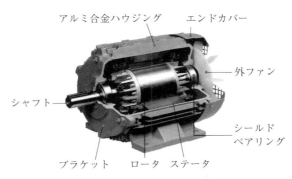

図 3-4　伝動軸（モータ軸）[1]

図 3-5　クランクシャフト

3-2　軸の材料

軸が破損すると，その影響で大きな事故や人命に関わる事故につながる恐れがある．したがって，軸材料には強さが必要とされる．一般には，炭素鋼や合金鋼が用いられる．

強さだけを考える場合は，寸法制限がなければ，一般軸用鋼材を自由に選べ

る．寸法制限がある場合には，より強度の高い材料を使ってその制限寸法に納めるようにする．また軸表面に硬度が必要な場合や，軸表面の摩耗，摩擦を防止する場合には，焼入れや表面硬化処理などの熱処理を行い，研削仕上げをするのが一般的である．

軸材を選ぶ場合の目安を以下に示す．

（1）加工性とコストを重視する場合

SS400（一般構造用圧延鋼），SGD400-D（みがき棒鋼），S10C～S45C（機械構造用炭素鋼）などの冷間引抜き材が挙げられる．安価であること，また加工性，溶接性に優れていることなどの特徴がある．最もよく使われる材料である．

（2）高荷重，高速回転で使用する場合（車軸，タービン軸など）

S45C, S50C, SNC（ニッケルクロム鋼），SCM（クロムモリブデン鋼），SCr（クロム鋼），SNCM（ニッケルクロムモリブデン鋼）などの合金鋼の熱間圧延材が挙げられる．機械加工した後で熱処理をして使用する．

3-3 軸の設計

3-3-1 軸の規格

動力を伝達する軸には，軸を支持するための軸受や，軸と軸をつなぐ軸継手，さらにプーリや歯車などの付属部品を取り付ける必要がある．そのため，軸寸法は，標準とする寸法がJIS B 0901に規定されている．**表 3-1** に，その一部を示す．表中に使われているR5, R10, R20などの記号は，標準数と呼ばれる等比数列を表している．標準数（JIS Z 8601）は，工業製品を製作するうえで基準となる数値で，表の左側（R5）から優先的に使用するように推奨されている値である．

R5の列の数列は，公比が $r = \sqrt[5]{10}$ である数列を示しており，

$$r^3 \fallingdotseq 4.0, \quad r^4 \fallingdotseq 6.3, \quad r^5 = 10, \quad r^6 \fallingdotseq 16, \quad r^7 \fallingdotseq 25, \quad r^8 \fallingdotseq 40$$

という数列になる．また，R10の列の数列は公比が $\sqrt[10]{10}$ であり，R20の列の数列は公比が $\sqrt[20]{10}$ であることを示している．

表 3-1 軸の直径（JIS B 0901 より抜粋）（単位：mm）

軸径	(参考) 軸径数値のよりどころ					軸径	(参考) 軸径数値のよりどころ					軸径	(参考) 軸径数値のよりどころ				
	標準数			円筒軸端	転がり軸受		標準数			円筒軸端	転がり軸受		標準数			円筒軸端	転がり軸受
	R5	R10	R20				R5	R10	R20				R5	R10	R20		
4	○	○	○		○	10	○	○	○	○	○	40	○	○	○	○	○
						11				○		42				○	
						11.2			○								
4.5			○									45			○	○	○
						12				○	○						
						12.5		○	○			48				○	
5		○	○		○							50		○	○	○	○
												55			○	○	○
5.6			○			14			○	○		56			○	○	○
						15					○						
6				○	○	16	○	○	○	○		60				○	○
						17					○						
6.3	○	○	○			18			○	○		63	○	○	○	○	
						19				○							
						20		○	○	○							
						22				○	○	65				○	○
7				○	○	22.4			○			70				○	○
7.1		○										71		○			
						24				○		75				○	○
8		○	○	○	○	25	○	○	○	○	○	80		○	○	○	○
												85				○	○
9			○	○	○	28			○	○	○	90			○	○	○
						30				○	○	95				○	○
						31.5		○	○								
						32				○	○						
						35				○	○						
						35.5			○								
						38				○							

軸の直径は，標準数として R5, R10, R20 の3種類が定められているほか，円筒軸端および転がり軸受用を合わせて5種類の中から選択することが推奨されている．

3-3-2 軸に加わる力

軸には，動力を伝達したり荷重を支持したりするために，ねじり，曲げ，引張り，圧縮などが，図 3-6 に示すように単独または組み合わされて作用する．

（1）ねじりだけが作用する場合

ねじりモーメント（トルク）が作用し，ねじり変形を生じる．

（2）曲げだけが作用する場合

曲げモーメントが作用し，曲げ変形を生じさせる．

（3）軸方向にだけ力が作用する場合

軸力が作用し，軸の伸び，あるいは縮み変形を生じさせる．

（4）ねじりと曲げが同時に作用する場合

ねじりモーメントと曲げモーメントが同時に作用し，それぞれのモーメントによる変形を生じる．

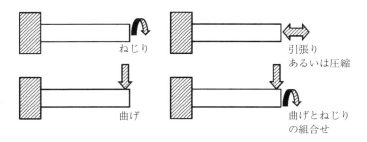

図 3-6　軸に加わる力の種類

3-3-3 軸直径を求める

軸の設計に際しては，軸に加わる力により破損しないような強さと，変形やたわみを少なくするこわさとを考慮した設計が要求される．軸の寸法は，軸材料の許容曲げ応力や許容ねじり応力から決定される．引張強さが既知の鋼の

場合，許容応力は次のような式を使うことがある[2]．

　　　許容曲げ応力 $\sigma_a ≒ 0.36 \times$ 引張強さ
　　　許容ねじり応力 $\tau_a ≒ 0.18 \times$ 引張強さ

（1）軸の動力とトルク

　動力を伝達する軸には，軸の回転数に応じたねじりモーメント（トルク）が発生する．伝達動力 P [W]，軸回転数 n [rpm]，角速度 ω [rad/s]，トルク T [N·m] とすると

$$P = T\omega = T\frac{2\pi n}{60} \tag{3.1}$$

（2）ねじりだけが作用する軸

　丸棒が動力 P [W] を回転数 n [rpm] で伝達するとき，軸にはトルク T [N·m] が作用し，ねじり応力（せん断応力）を生じる（**図 3-7**）．ねじり応力 τ [Pa] は，極断面係数を Z_p [m³] とすると，

$$\tau = \frac{T}{Z_p} \tag{3.2}$$

となり，中実軸の場合

$$Z_p = \frac{\pi}{16}d^3 \tag{3.3}$$

より，軸径 d [m] は次式より求められる．

$$d = \sqrt[3]{\frac{16T}{\pi\tau}} \tag{3.4}$$

　軸径 d [m] の計算で，ねじり応力 τ [Pa] は，使用する軸材料の許容ねじり応力 τ_a を用いる．ここで求めた軸径は，軸に加わる力により破損しない目安の径である．

　次に，軸に荷重が加わった場合，破損しないだけではなく，変形量をある一定量に抑えなければ，軸と周辺部が接触したり，振動の原因になったりする場合がある．そこで，軸の用途によ

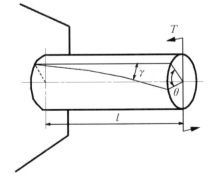

図 3-7　軸のねじり

って，1 m 当たりのねじれ角 θ [rad] が定められている．変動荷重を受ける一般の軸については，1 m 当たりのねじれ角が $0.25° = 4.363 \times 10^{-3}$ rad 以下となっている．

軸の長さが l [m]，横弾性係数 G [Pa]，断面二次極モーメント I_p [m^4] の軸のねじれ角 θ [rad] は，次式で与えられる．

$$\theta = \frac{2\tau l}{dG} = \frac{2l}{dG}\frac{16T}{\pi d^3} = \frac{Tl}{GI_p} \tag{3.5}$$

これより，軸の長さ 1 m 当たりのねじれ角を $0.25°$ 以内とする軸径 d [m] は，次式より求めることができる（軸材料は鋼として $G = 79.4$ GPa）．

$$d = \sqrt[4]{\frac{32\,Tl}{\pi G\theta}} = \sqrt[4]{\frac{32 \times T \times 1}{\pi \times G \times 4.363 \times 10^{-3}}} = 0.0131\sqrt[4]{T} \tag{3.6}$$

（3）曲げだけが作用する軸

軸に曲げだけが働く車軸は，軸受を支点とする円形断面のはりと考えられる．曲げモーメントを M [N·m]，曲げ応力を σ [Pa]，断面係数を Z [m^3] とすると，中実軸の場合

$$\sigma = \frac{M}{Z}, \quad Z = \frac{\pi}{32}d^3 \tag{3.7}$$

となり，軸径 d [m] は次式より求められる．

$$d = \sqrt[3]{\frac{32M}{\sigma\pi}} \tag{3.8}$$

軸径 d [m] の計算で，曲げ応力 σ [Pa] は，使用する軸材料の許容曲げ応力 σ_a を用いる．

また，軸の用途によって，1 m 当たりのたわみ量 δ [m] が定められている．変動荷重を受ける一般の軸については，1 m 当たりのたわみ量が約 0.3 mm 以下となっている．

図 3-8 のように軸受間距離 l [m] の中心に加わる荷重 W [N] による変形を δ_{max} [m] とすると，鋼の中実軸で縦弾性係数を E [Pa]，断面二次モーメントを I [m^4] として，

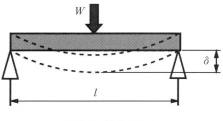

図 3-8 軸のたわみ

表3-2 ねじりモーメント，曲げモーメントに対する動的効果係数

荷重の種類	回転軸		静止軸
	k_t	k_m	k_t, k_m
静荷重，ごく緩やかな変動荷重	1.0	1.5	1.0
変動荷重，軽い衝撃荷重	1.0〜1.5	1.5〜2.0	1.5〜2.0
激しい衝撃荷重	1.5〜3.0	2.0〜3.0	

$$\delta_{\max} = \frac{Wl^3}{48EI}, \quad I = \frac{\pi}{64}d^4 \tag{3.9}$$

となる．これより，軸の長さ 1 m 当たりのたわみ量を 0.3 mm 以内とする軸径 d [m] は，次式より求めることができる（軸材料は鋼として $E = 206$ GPa）．

$$d = \sqrt[4]{\frac{64Wl^3}{48E\delta_{\max}}} = \sqrt[4]{\frac{64 \times W \times 1^3}{48 \times E \times 0.3 \times 10^{-3}}} = 0.0121\sqrt[4]{W} \tag{3.10}$$

（4）ねじりと曲げが同時に作用する軸

軸にねじりモーメント（トルク）T [N·m] と曲げモーメント M [N·m] が同時に作用する場合，互いに影響し合うため，相当ねじりモーメント T_e [N·m] と相当曲げモーメント M_e [N·m] を求める．これらの T_e と M_e を式 (3.4)，(3.8) の対応する T と M に置き換えて別々に軸径を求め，その大きい寸法の方を軸径として選定する．

$$T_e = \sqrt{(k_m M)^2 + (k_t T)^2} \tag{3.11}$$

$$M_e = \frac{k_m M + T_e}{2} \tag{3.12}$$

ここで，k_m, k_t は，軸に加わる荷重の種類による動的効果係数で，回転軸と静止軸に対して**表3-2**のように与えられる．

3-3-4 応力集中

軸は，径が同じ真直な軸ばかりではなく，途中に段を付けたり，他の軸とつなぎ合わせるためのキー溝を加工したりすることが多い．このような軸の直径が変化したり，溝がある軸に力が加わった場合，**図3-9** に示すように，その部分に大きな応力が発生する．この現象を応力集中という．段や溝がある場合の

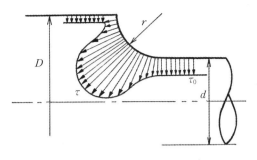

図 3-9 段付き軸の応力集中 [3]

最大応力と段や溝がない場合の応力との比を応力集中係数（応力集中率）あるいは形状係数といい，応力集中の程度を示す．

段付き軸にねじりモーメントが加わった場合の応力集中係数は，

$$応力集中係数 \alpha = \frac{段がある場合の最大せん断応力\ \tau_{max}}{段がない場合のせん断応力\ \tau_0}$$

段付き軸に曲げモーメントが加わった場合の応力集中係数は，

$$応力集中係数 \alpha = \frac{段がある場合の最大曲げ応力\ \sigma_{max}}{段がない場合の曲げ応力\ \sigma_0}$$

となり，段がない場合に比べて何倍程度の大きな集中応力が生じるかを示す．

図 3-10 に，段付き部丸み半径 r と応力集中係数（率）α との関係を示す．横

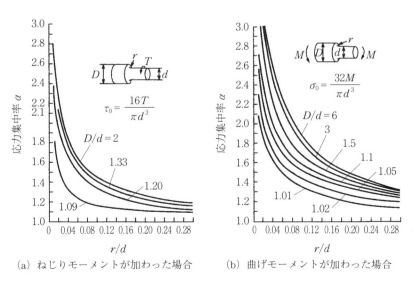

(a) ねじりモーメントが加わった場合　　(b) 曲げモーメントが加わった場合

図 3-10 段付き部丸み半径 r と応力集中係数（率）α との関係 [3]

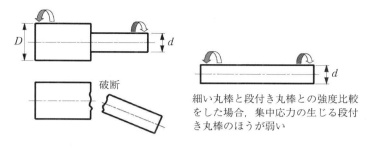

図 3-11 段の有無による強度比較

軸に軸径 d と段付き部丸み半径 r の比 r/d，縦軸に応力集中係数 (応力集中率) α がとられている．段付き部の r の値が小さくなるにつれ，最大応力が急激に大きくなることがわかる．このことから，図 3-11 に示すように，段付き丸棒は段付き丸棒の細い部分と同じ径の丸棒よりも強度が低い (生じる応力が大きい) ことになる．したがって，軸の設計においては，応力集中に関して十分な配慮を行い，段付き部では丸み半径 r を大きくしたり，段差があまり大きくならないようにして，急激な形状変化を避け，応力集中を小さく抑える必要がある．

3-3-5 危険速度

回転軸は，ある速度に達すると，たわみ，ねじりのために急に異常な振動を起こし，時には軸や軸受が破損することもある．このときの回転速度を危険速度という．これは，軸の回転速度が軸の回転軸系の固有振動数付近になると起きる共振現象である．

図 3-12 のような両端支持の軸で，直径 d の軸の中央に重さ W の円板が固定されている場合を考える．

軸の質量が円板の質量に比べ小さく，無視できるとすると，中央部の曲げたわみ δ は，

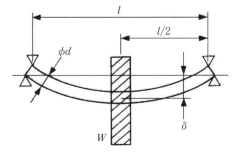

図 3-12 軸の危険速度

$$\delta = \frac{Wl^3}{48EI}, \quad I = \frac{\pi}{64}d^4 \tag{3.13}$$

となる．ばね定数を k，質量を m とすると，軸の曲げの固有振動数 f は，

$$k = \frac{W}{\delta}, \quad m = \frac{W}{g} \tag{3.14}$$

より，式 (3.15) のようになる．

$$f = \frac{1}{2\pi}\sqrt{\frac{k}{m}} = \frac{1}{2\pi}\sqrt{\frac{48EIg}{Wl^3}} = \frac{1}{2\pi}\sqrt{\frac{48\pi Ed^4 g}{64Wl^3}} \ [\text{Hz}] \tag{3.15}$$

したがって，危険速度 n は次式より求められる．

$$n = 60f \ [\text{rpm}] \tag{3.16}$$

軸を高速で回転させる場合，危険速度の上下 20 % の回転域を避けて運転することが推奨されている．

3-4 軸 継 手

モータなどの原動機の軸と機械の軸を連結し，動力を伝達することができるようにする機械要素を軸継手（カップリング：couplings）という．

軸と軸を結合する場合，2 軸の軸中心（軸心）を完全に一致させることは，非常に難しい作業である．一般には，据付け時の完全な心合せの困難さ，運転中の温度変化，軸受の摩耗，フレームのたわみなどで，図 3-13 に示すような軸心間の狂いが生じる．このような軸心のずれをミスアライメント（misalignment），軸心を合わせる作業を心出しという．

ミスアライメントによって生じる力や曲げモーメントは，繰返し荷重となって軸，軸受，軸継手に悪影響を及ぼすことから，このような場合は，2 軸は多少の軸心間の狂いが許されるように結合しなければならない．また，2 軸の中

(a) 心ずれ（偏心）　　(b) 面ずれ（偏角）　　(c) 心ずれと面ずれ

図 3-13 ミスアライメント

心線が，はじめから交差していたり，あるいは外れている場合は，それに適した軸継手によって結合する必要がある．カップリング（軸継手）の役割は，こうした問題点を用途にあった適切なカップリングを選択することで解決することにある．

3-4-1 軸継手の種類

軸継手の種類を，つなぎ合わせる軸の位置関係をもとに分類すると，**表3-3**のようになる．

（1）固定軸継手

固定軸継手は，2軸の軸線が完全に一致しているときに用いられる軸継手である．**図3-14**は，円筒で2軸端を包んで一体化する最もシンプルな継手で，筒形軸継手，マフ（muff）継手と呼ばれている．**図3-15**は，一般機械の固定軸継手と

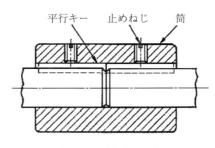

図3-14 筒形軸継手

表3-3 軸継手の種類

2軸の位置関係	軸継手の分類	形式
軸心が同一線上にある場合	固定軸継手	筒形軸継手
		フランジ形固定軸継手
軸心がほぼ同一線上にある場合	たわみ軸継手	フランジ形たわみ軸継手
		ゴム軸継手
		金属ばね軸継手
		歯車形軸継手
		ローラチェーン軸継手
軸心が交差する場合	自在軸継手（不等速形）	こま形自在軸継手
		十字形自在継手
	自在軸継手（等速形）	ツェッパ形等速ジョイント
		クロスグルーブ形等速ジョイント
		トリポード形等速ジョイント
軸心が平行で偏心している場合	（等速）	オルダム軸継手

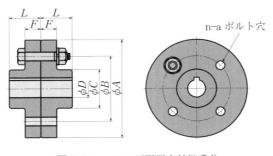

図 3-15 フランジ形固定軸継手[4]

して広く使用されている継手で，JIS B 1451 に規定されているフランジ形固定軸継手である．そのほか，摩擦筒形継手，セラース式円すい継手，合成箱形継手などがある．

使用に当たっては，2軸の軸心合せを正確に行う必要があり，ずれが取り切れていない状態で固定すると，振動の原因となり，さらには疲労破壊を引き起こす可能性がある．

（2）たわみ軸継手

2軸の中心線を正しく一致させるのが困難であるとき，わずかな軸心のずれがあっても使用できる軸継手である．2軸を結合する場合，それぞれの構成部品の加工誤差や組立て誤差により軸心を一致させることは困難であり，また運転中の軸，フレームなどのたわみ，軸受の摩耗，軸の熱膨張などによっても軸心の狂いを生じる．

たわみ軸継手には，フランジ形たわみ軸継手，ゴム軸継手，金属ばね軸継手，歯車形軸継手，ローラチェーン軸継手などの種類がある．

① フランジ形たわみ軸継手（JIS B 1452）

図 3-16 に示すように，フランジ継手のボルトの部分に皮あるいはゴムのような弾性体を介在させ，軸が多少たわんでも許容できるようになっている．

② ゴム軸継手（JIS B 1455）

図 3-17 に示すジョー（jaw）形カップリングやタイヤ形カップリングのほかにも，多くの種類が製造されている．ゴム軸継手は，ゴムのせん断変形，圧縮変形などによって動力を伝える形式で，比較的簡単な構造で軸心の狂い，振動，衝撃などを吸収できる．

③ 金属ばね軸継手

金属ばね軸継手は，金属板ばね，金属コイルばねなど金属の弾性材料を用いた軸継手で，図 3-18 に示す金属板ばねカップリング，金属スリットカップリ

3-4 軸継手　79

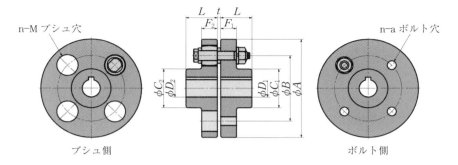

図 3-16　フランジ形たわみ軸継手[4]

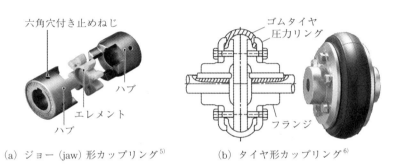

(a) ジョー (jaw) 形カップリング[5]　　(b) タイヤ形カップリング[6]

図 3-17　ゴム軸継手

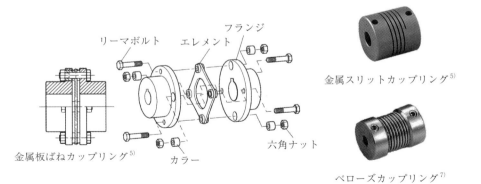

金属スリットカップリング[5]

ベローズカップリング[7]

図 3-18　金属ばね軸継手

ング，ベローズカップリングなど多くの種類がある．一般に，ゴム軸継手に比べて大トルクに使用される．

④ 歯車形軸継手
（JIS B 1453）

一般に，ギヤカップリングと呼ばれ，**図 3-19**に示すように，外筒の内

(a) 歯車形軸継手[8]

(b) ローラチェーン軸継手[7]

図 3-19 歯車形軸継手とローラチェーン軸継手

歯車と内筒の外歯車がかみ合ってトルクの伝達を行う．この継手は，ゴムや金属ばねのような弾性材を使用していないので，小型で比較的大きなトルクを伝達することができる．歯車のかみ合いを利用しているので，歯面間に潤滑油が必要である．

⑤ ローラチェーン軸継手（JIS B 1456）

一般にチェーンカップリングと呼ばれ，図 3-19 に示したように，向かい合わせた一対のスプロケットに2列ローラチェーンを巻き付けた構造の軸継手である．力は多くの歯によって分担されるので，同一伝達トルクに対して小型・軽量にすることができる．

（3）自在軸継手（ユニバーサルジョイント）

交差する2軸を結合し，回転を伝達する軸継手を自在軸継手といい，一般にユニバーサルジョイント（universal joint）と呼んでいる．2軸間の角速度比が1回転中に変わる不等速形と，変わらない等速形に分けられる．

① 不等速形自在軸継手

一般に，十字形，フック（Hooke's）形またはカルダン（Cardan）形と呼ばれている軸継手と，こま形自在軸継手（JIS B 1454）を **図 3-20** に示す．

このタイプの自在継手は，2軸の交差角を ϕ とすれば，入出力の角速度比は入力軸が $90°$ 回転する間に $\cos\phi$ より $1/\cos\phi$ に変動する．ϕ が大きくなると，角速度の変動率も大きくなり，同時にトルク比も変動するので，ねじり振動の原因となるから，交差角はあまり大きくとれない．しかし，2組の継手を同一

(a) こま形自在軸継手

(b) 十字形自在軸継手

図 3-20　不等速形自在軸継手

平面上で交差角が等しくなるように取り付けて用いれば，角速度比を一定にすることができる．

② 等速形自在軸継手

主に，自動車のドライブシャフトに採用されている等速形自在継手には，各種の形式がある．CVJ (Constant Velocity Joint) と略されることもある．軸方向にスライドできるものをスライド式，できないものを固定式と呼ぶ．

・ツェッパ (Rzeppa) 形自在軸継手（ツェッパ形等速ジョイント）

バーフィールド形等速ジョイントとも呼ばれ，固定式の自在軸継手である．この種の軸継手は，接合点に球を使用していて，常に球が2軸の交差角の2等分面上に正しく配置されるようになっているため，完全に等速であり，トルクの変動もないのが特徴である〔図 3.21 (a)〕．

・トリポード (tripod) 形自在軸継手（トリポード形等速ジョイント）

トリポード形自在軸継手は，固定式もあるが，スライド式が多い．図 3-21 (b) に示すように，一方の軸の先端に，放射状に3本の軸を備えたスパイダと呼ばれる部品の軸にそれぞれローラが付けられ，もう一方の軸のハウジング内の溝に収められる．ハウジング内の溝に沿って移動できるため，等速で回転を

(a) ツェッパ形等速ジョイント　(b) トリポード形等速ジョイント

図 3-21　等速形自在継手[9]

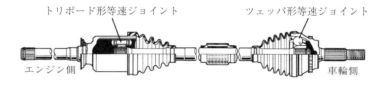

トリポード形等速ジョイント　　ツェッパ形等速ジョイント

エンジン側　　　　　　　　　　　　　　　　車輪側

図 3-22　等速形自在継手の自動車への使用例

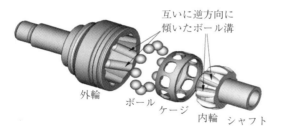

互いに逆方向に傾いたボール溝

外輪　ボール　ケージ　内輪　シャフト

図 3-23　クロスグルーブ形等速ジョイント[9]

伝達しながら伸縮も可能になっている．**図 3-21** にツェッパ形等速ジョイントとトリポード形等速ジョイントのカットモデルを，また **図 3-22** に自動車のドライブシャフトへの使用例を示した．

・「クロスグルーブ形等速ジョイント」（cross groove joint）

クロスグルーブ形等速ジョイントとは，**図 3-23** に示すように一方の軸（内輪）の先端に複数の鋼球を組み込んだケージを設け，鋼球に合わせた溝のあるハウジングでもう一方の軸（外輪）に回転を伝達する．ツェッパ形等速ジョイントの発展型で，スライドもできる．横置きエンジンの 4WD 車のプロペラシャフトなどに用いられる．

（4）オルダム軸継手

オルダムカップリング（Oldham's shaft coupling）は，2 軸の軸心が平行ではあるが大きく偏心している場合に利用される軸継手で，**図 3-24** に示すように，

 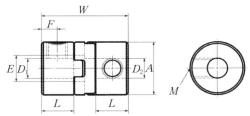

図 3-24　オルダム軸継手[4]

表と裏の溝が直交しているスペーサ（スライダ）の溝にハブの突起がはまり，ハブの突起とスペーサの溝とがすべることで，主に偏心を吸収することができる．小径の割に，大きなトルクを負荷できる．同様の原理でリンクを使ったシュミットカップリングを 図 3-25 に示す．

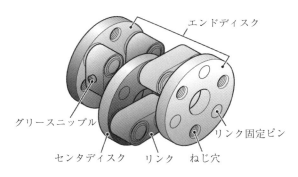

図 3-25　シュミットカップリング[5]

・シュミットカップリング[10]

　シュミットカップリング（schmidt coupling）リンクのクランクモーションを利用した軸心違いカップリングで，一方のエンドディスクに入力された動力は，リンクとセンターディスクを介して他方のエンドディスクに伝達される．偏心量は，このリンクの長さによって決定され，軸心違いでの動力伝達がスムーズに行える．また，動力伝達をリンクのクランクモーションによって行っているため，回転中の軸心の平行移動も可能である．

3-4-2　軸継手の選定の要点

軸継手を選定するに当たって，注意する要点を以下に示す．

（1）許容トルク

軸に作用するトルクを求め，軸継手の許容トルク（常用トルク）以内になっ

ているか確認する．衝撃的な荷重や大きなトルク変動が加わるかを判断する．
エンジンの出力軸のようにトルク変動がある場合，平均トルクではなく最大トルクが軸継手の許容トルク以内になるようにする．

（2）軸との固定方法

軸継手の形式によって，軸との固定方法を選ぶ必要がある．機械の構造や用途に適した固定方法を選ぶ（3-5節参照）．

（3）回転角度の精度

ロボットアームの運動などでは，高精度な運動が必要になる．軸の回転角度に高い精度が必要な場合，高いねじり剛性が必要であり，ゴムカップリングは適していない．

（4）軸の位置精度

2軸の高さの違い（偏心）や傾きの違い（偏角）などが大きい場合，使用可能な軸継手は限られてくる．軸継手の形式や，カタログに記載されている許容取付け誤差などを考えなければならない．

（5）大きさと形状の制限

軸継手の大きさ（形状）の制限を考える．小型化を目指した機械では，軸方向の長さを短くする必要が生じたり，また高い回転数で運動する機械では，慣性モーメントを減らすために直径方向の大きさを小さくする必要が生じる．

3-5　キーなどによる軸への固定方法

軸に軸継手や歯車，プーリなどの部品を取り付けてトルクや回転を確実に伝達する方法は，キーとキー溝，止めねじ，テーパリングなど各種の方法がある．

3-5-1　キーとキー溝

キーにはいろいろな種類があり，JIS B 1301では平行キー，

図 3-26　キーの使用例

3-5 キーなどによる軸への固定方法　85

こう配キー，半月キーの3種類が規定されている．**図** 3-26にキーの使用例，**図** 3-27にキーの種類を示す．キーの大きさは，軸の太さによって決定される．つまり軸の太さが決まれば，自動的にキーの大きさも決まるように規格化されている．

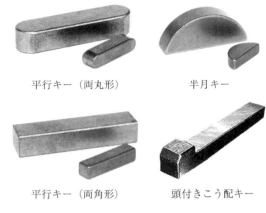

平行キー（両丸形）　　　半月キー

平行キー（両角形）　　　頭付きこう配キー

図 3-27　キーの種類

キーによる軸・ハブの結合は，キー溝の寸法許容差を選択することによって滑動形，普通形，締込み形の3種類の結合に分類される．

・滑動形：軸とハブとが相対的に軸方向に滑動できる結合 ─ 平行キー
・普通形：軸に固定されたキーにハブをはめ込む結合 ─ 平行キー，半月キー
・締込み形：軸に固定されたキーにハブを締め込む結合，または組み付けら

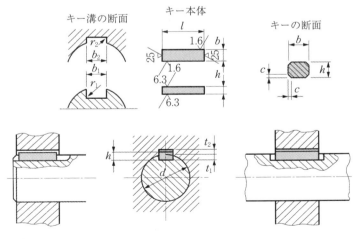

図 3-28　平行キー

れた軸とハブの間にキーを打ち込む結合 ── 平行キー，こう配キー，半月キー

（1）平行キー

図 3-28 のようにキーの上下面が平行なキーで，JIS にはキーの幅と高さが規定されている．キーの長さ l は，軸の直径を d とすると，通常 $l = 1.5\,d$ とする．

JIS B 1301 には，キーの呼び寸法に適応する軸径が参考として示されているが，「適応する軸径は，キーの強さに対応するトルクから求められるものであって，一般用途の目安として示す．キーの大きさが伝達するトルクに対して適切な場合には，適応する軸径より太い軸を用いてもよい．その場合には，キーの側面が，軸およびハブに均等に当たるように t_1 および t_2 を修整するのがよい．適応する軸径より細い軸には用いないほうがよい」と注意書きされている．

（2）こう配キー

こう配キーは，図 3-29 に示すように上下面がくさび状に作用して軸とハブを結合するため，1/100 のこう配が付けられている．こう配キーは，軸と穴のがたを防ぐために用いられるが，キーを打ち込んで取り付けるため，軸と穴の中心がずれ，高速・高精度の回転軸には不向きである．

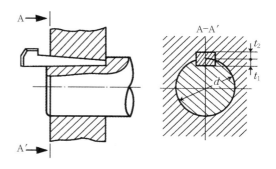

図 3-29　こう配キー

（3）半月キー

半月キーは，小径の軸で軽荷重の回転体を結合するもので，通常，円板を所要の厚さに研削し，二つ割りにして用いる（図 3-30）．テーパ軸端

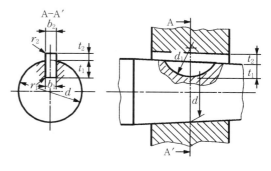

図 3-30　半月キー

部のキー溝に斜めに入れて押し込むことで自然に安定した姿勢に収まる．また，キー溝加工が容易であり，取付け・取外しが容易である．

（4）キーの材料

JIS では，引張強さ $600\,\mathrm{N/mm^2}$ 以上の材料を用いることを規定しているため，一般には構造用炭素鋼（S20C～S45C）が用いられている．

3-5-2　テーパリング

軸と歯車やプーリなどの回転部品を摩擦力のみで固定するもので，フリクションジョイント（friction joint）と呼ばれる．軸や回転部品に締結のためのキー溝加工などを施すことなく締結できるのが特徴である．図 3-31 に示すフリクションジョイントに取り付けられたボルトを締め付けることで，軸と回転体との間のテーパリングによるくさび効果を利用して強い摩擦力を発生し，強固な締結を実現している．高精度な同心度が期待できるなどの特徴がある．

フリクションジョイントにはさまざまな形式があるが，図 3-32 に示すジョ

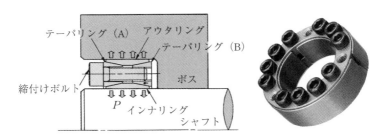

図 3-31　テーパリングを用いた締結 [11]

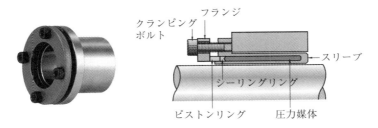

図 3-32　圧力媒体を利用した締結 [12]

イントは，圧力媒体をスリーブ内に充填し，ピストンリングを押し込むことにより均等に圧力を高め，強い摩擦力を発生させる構造になっている．

3-5-3 止めねじ，その他

（1）止めねじ

最も簡単に固定する方法が止めねじを使用する方法である．**図3-33**は，カップリングと軸を2本の止めねじで固定する例である．止めねじを使用する場合，軸の止めねじが当たる部分を平面に加工すると，止めねじが緩みにくくなると同時に，軸の曲面が傷付きにくくなるため，回転体の取付けや取外しが容易になる．なお，止めねじによる固定は，一般にすべりが生じやすく，キーと比べて締結の強さはかなり低い．

止めねじによって得られる軸保持力（締結の強さ）が足りないときは，止めねじのサイズを大きくする．同時に，ねじのかみ合い長さを大きくするか，あるいは，めねじ材料の強さを高くしなければならない．これが，設計上許されないときは，止めねじを2本使うことになるが，止めねじを2本にしても必ずしも軸保持力は2倍にはならないので，注意を要する．

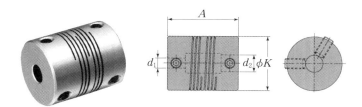

図3-33　止めねじによる固定例[7]

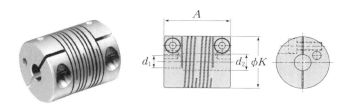

図3-34　クランプタイプによる軸固定[7]

（2）その他

① スリットを利用した軸固定

図 3-34 に示すように，ハブ（ボス）を半割りするようにすりわりを付け，そのすきまをクランプボルト締め付けることで，軸を固定する方式である．すりわりは，完全な半割りではなく，わずかに外周部はつながっている．比較的，細い軸への取付けに用いられる．

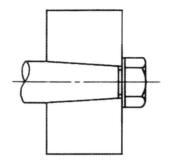

図 3-35 テーパによる締結

② テーパによる固定

図 3-35 に示すように，軸と回転体の接触面をテーパとし，ねじで押し付けて固定する方法がある．この方法は，適切なテーパがつくられていれば，軸と回転体の軸心を合わせやすいという特徴がある．

参 考 文 献

1) 日立三相モータカタログ．
2) 機械設計便覧，丸善，p.559．
3) 石原康正：機械要素設計法，図 4.2～図 4.4，養賢堂，pp.131-132．
4) NBK（鍋屋バイテック株式会社）：カタログ．
5) 三木プーリ株式会社：カップリングカタログ．
6) 東洋ゴム化工品株式会社：カタログ．
7) 株式会社椿本チエイン：つばきカップリングカタログ．
8) 株式会社セイサ：GC カップリングカタログ．
9) NTN 株式会社：等速ジョイントカタログ．
10) "Schmidt Couplings" は SCHMIDT-KUPPLUNG Gmbh の登録商標．
11) 株式会社椿本チエイン：つばきパワーロックカタログ．
12) 三木プーリ株式会社：ETP ブッシュカタログ

第4章　軸受・案内

4-1　転がり軸受

- 4-1-1　転がり軸受の種類
- 4-1-2　転がり軸受の選定（カタログの見方・寿命計算）
- 4-1-3　転がり軸受の取付け方法（はめあい・予圧）
- 4-1-4　転がり軸受の潤滑
- 4-1-5　転がり直動案内

4-2　すべり軸受

- 4-2-1　すべり軸受の種類
- 4-2-2　すべり軸受の選定
- 4-2-3　転がり軸受とすべり軸受の比較
- 4-2-4　すべり案内

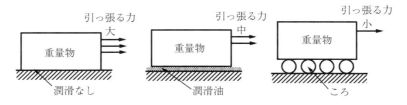

図 4-1 すべり摩擦と転がり摩擦

　回転運動や動力を伝達する軸を支持する機械要素を軸受と呼び，軸受は強度だけでなく，なめらかな回転をさせることも重要な役割である．なめらかな回転を実現させるためには，軸に働く摩擦力をできる限り小さくする必要がある．物体に働く摩擦力を小さくする方法は古くから知られていて，**図 4-1** に示すように，転がり摩擦を利用して摩擦を低減する方法と，油などの潤滑剤を利用して摩擦を低減する方法がある．

　軸受を潤滑状態から分類すると，玉やころなどの転動体の転がり摩擦を利用する転がり軸受と，油や空気の潤滑膜によるすべり摩擦を利用するすべり軸受に大別される．

4-1　転がり軸受

　玉やころを利用して摩擦を低減する転がり軸受は，動く部分をもつあらゆる機械，装置，建造物などに使用されていて，「産業の米」，「機械の米」と呼ばれるほど，なくてはならない重要な機械要素である．転がり軸受が工業的に大量生産されるようになったのは，19世紀末から20世紀初頭のころで，馬車や自転車の普及，1908年のフォード「モデル T」の大量生産の開始がきっかけとみられる．しかし，現状の転がり軸受の原型は，レオナルド・ダ・ヴィンチ（Leonardo da Vinci：1452〜1519年）の手稿の中に描かれていた．

　現在では，転がり軸受は，国際的に標準規格化された形式・寸法・材料の軸受が専門メーカーによって大量生産され，市場で容易に入手できるようになった．なお，転がり軸受のことを，一般にベアリング（bearing）と呼んでいる．

4-1-1 転がり軸受の種類

(1) 転がり軸受の構造

図 4-2 に,代表的な転がり軸受の構造と名称を示す.転がり軸受は,軌道輪(内輪,外輪),保持器,転動体(玉,ころ)によって構成される.転動体は,玉,円筒ころ,円すいころ,針状ころなどの種類があり,用途によって使い分けられている.保持器は,転動体を包んで一定間隔に保持するための部品である.図 4-3 に,転がり軸受(玉軸受)を分解する順序を示す.これから,どのように玉を組み込んだかがわかる.

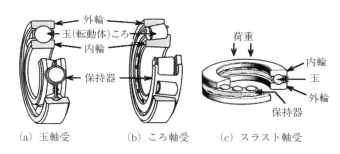

図 4-2 転がり軸受の構造

図 4-3 転がり軸受の分解

（2）転がり軸受の種類

軸受に加わる荷重の方向によって，大きく2種類に分類される．図4-4に示すように，軸方向の荷重（スラスト荷重またはアキシャル荷重と呼ぶ）を受ける軸受をスラスト（thrust）軸受あるいはアキシャル（axial）

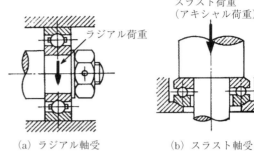

(a) ラジアル軸受　　　(b) スラスト軸受

図4-4　転がり軸受の分類

(a) 単列深溝玉軸受　(b) 単列アンギュラ　(c) 自動調心玉軸受
　　　　　　　　　　　玉軸受

(d) 円筒ころ軸受　　(e) 円すいころ軸受　(f) 自動調心ころ軸受

(g) 針状ころ軸受　　(h) 単式スラスト　　(i) スラスト自動調心
　　　　　　　　　　　玉軸受　　　　　　　ころ軸受

図4-5　転がり軸受の種類[1]

軸受，軸に直角方向の荷重（ラジアル荷重と呼ぶ）を受ける軸受をラジアル（radial）軸受と呼ぶ．

図4-5に，転がり軸受の代表的な種類を示す．これらの転がり軸受について説明する．

① 深溝玉軸受 (JIS B 1521)

転がり軸受の中で最も代表的な形式であり，その用途は広範囲である．内輪と外輪の軌道の溝は，玉の半径よりわずかに大きい半径の円弧断面の溝となっている．ラジアル荷重のほか，両方向のスラスト荷重を負荷することができる．摩擦トルクが小さく，高速回転用として，また低騒音，低振動が要求される用途にも適している．

② アンギュラ玉軸受 (JIS B 1522)

玉と内輪・外輪とは，15°，25°，30°または45°の接触角をもつようにつくられている．この軸受は，ラジアル荷重と一方向のスラスト荷重を負荷することができる．接触角が大きいほどスラスト負荷能力は増える．通常，2個の軸受を対向させ，内部すきまを調整して使用する．

③ 円筒ころ軸受 (JIS B 1533)

円筒状のころと内輪・外輪とが線接触をしている軸受で，点接触の玉軸受よりラジアル負荷能力は大きく，重荷重，高速回転に適している．ころは，内輪あるいは外輪，または両方に設けられたつばによって案内されるが，つばがない形式ではスラスト荷重を受けられない．

④ 円すいころ軸受 (JIS B 1534)

円すい状のころが転動体として組み込まれ，内輪のつばよって案内される．ラジアル荷重と一方向のスラスト荷重を負荷することができ，その能力は大きい．アンギュラ玉軸受と同様に，通常2個の軸受を対向させ，内部すきまを調整して使用する．

⑤ 針状ころ軸受（ニードルベアリング）(JIS B 1536)

長さが直径の3～5倍の細長いころが数多く組み込まれている．転動体が針状ころであるため，断面高さが小さく，寸法の割には負荷能力が大きく，本数が多いことから，剛性も高く，また揺動運動に適した軸受といえる．

⑥ 自動調心玉軸受，自動調心ころ軸受
（JIS B 1523，JIS B 1535）

内輪は2列の軌道をもち，外輪の軌道は球面をなしている．球面の曲率中心は軸受中心と一致しているので，内輪，転動体および保持器は外輪に対して自由に傾くことができる．軸やハウジングの加工誤差や，取付け不良などによって生じる軸心の狂いは，自動的に調整され，軸受に無理な力が加わらない．許容できる軸心の傾き角（許容調心角）は，玉軸受でおおよそ4°〜7°，ころ軸受でおおよそ1°〜2.5°である（**図4-6**）．

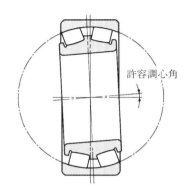

図4-6 許容調心角[2]

転動体が玉の場合が自動調心玉軸受，転動体がたる形のころの場合が自動調心ころ軸受で，ころ軸受はラジアル負荷能力が大きく，重荷重，衝撃荷重のかかる用途に適している．

⑦ スラスト玉軸受（JIS B 1532）

玉が転動する溝がある座金状の軌道輪（軌道盤）と玉を組み込んだ保持器で構成される．軸に取り付けるものを内輪（軸軌道盤），ハウジングに取り付けるものを外輪（ハウジング軌道盤）と呼ぶ．複式の軸受では，中央の軌道盤を軸に取り付けて使用する．単式のスラスト玉軸受は，一方向のスラスト荷重を受け，複式の軸受は，両方向のスラスト荷重を負荷することができる．

⑧ スラスト自動調心ころ軸受（JIS B 1539）

たる形の球面ころを用いたスラスト軸受で，調心性があり，取付け誤差や軸のたわみの影響を受けない．スラスト負荷能力が大きく，スラスト荷重がかかっている場合は，多少のラジアル荷重を負荷することができる．許容調心角はおおよそ1°〜2°であり，潤滑は油潤滑が必要である．

（3）転がり軸受の材料

転がり軸受は，軌道面と転動体との小さい接触面で大きな荷重を受けながら高い精度を保って回転する必要がある．このため，転がり軸受の内輪・外輪・転動体の材料には，次のような特性が要求される．

- 高い接触圧にも耐え，硬さも高いこと
- 転がり疲労に強いこと
- 耐摩耗性のあること
- 寸法安定性の高いこと

保持器の材料には，回転中に受ける振動や衝撃荷重に耐えることのできる強度を有し，転動体および軌道輪との摩擦が小さく，軽量で，かつ軸受の運転温度に耐えることが要求される．

① **内輪・外輪・転動体の材料**

・高炭素クロム軸受鋼（SUJ2, SUJ3, SUJ5：C 1 %，Cr 1～1.5 % 含む）
材料の内部まで焼入れ・焼戻し処理を行い，使用される．

  SUJ2 最も多く使用されている軸受鋼である
  SUJ3 中型・大型軸受に用いられる
  SUJ5 厚肉の製品や超大型軸受に用いられる

・浸炭軸受用鋼（SCr 420, SCM 420, SNCM 220, SNCM 420 など）
衝撃荷重がかかる場合には，表面は硬く，内部は柔らかい材料が必要となるため，浸炭軸受用鋼を用いて浸炭焼入れ・焼戻し処理をして，表面のみ硬化して使用する．

小型・中型軸受に対してはクロム鋼，クロムモリブデン鋼を，また大型軸受に対してはニッケルクロムモリブデン鋼を使用している．

・その他
耐熱性の優れた高速度鋼（SKH 4, M 50），耐食性の優れたステンレス鋼（SUS 440 C），超高速回転や耐食性用途には，セラミックス（Si_3N_4：窒化けい素）などが使用される例もある．

② **保持器の材料（図 4-7）**

・鋼または銅合金の金属製保持器

小型・中型軸受に用いる打抜き保持器の材料には，0.1 % 程度の低炭素の圧延鋼板（SPCC, SPHC）が使用されるほか，用途に応じてオーステナイト系ステンレス鋼板（SUS 304）を使用している．

大型軸受には，一般にもみ抜き（削り出し）保持器を用い，材料は機械構造用炭素鋼（S 25 C）および高力黄銅鋳物（CAC 301）が使用されることが多い

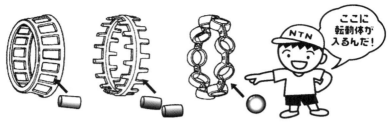

(a) 成形保持器　(b) もみ抜き保持器　(c) 打抜き保持器

図 4-7 保持器の種類[3)]

が，アルミ合金なども用いられる．

・プラスチック製保持器

　フェノール樹脂をもみ抜き加工したものや，各種の合成樹脂を成形加工したものが，多く使用されている．主な合成樹脂材料には，ポリアセタール，ポ

表 4-1 単列深溝玉軸受

主要寸法 [mm]				基本定格荷重				係数
				[N]		{kgf}		
d	D	B	r (最小)	C_r	C_{r0}	C_r	C_{r0}	f_0
17	26	5	0.3	2630	1570	268	160	15.7
	30	7	0.3	4600	2550	470	260	14.7
	35	8	0.3	6000	3250	610	330	14.4
	35	10	0.3	6000	3250	610	330	14.4
	40	12	0.6	9550	4800	975	490	13.2
	47	14	1	13600	6650	1390	675	12.4
20	32	7	0.3	4000	2470	410	252	15.5
	37	9	0.3	6400	3700	650	375	14.7
	42	8	0.3	7900	4450	810	455	14.5
	42	12	0.6	9400	5000	955	510	13.8
	47	14	1	12800	6600	1300	670	13.1
	52	15	1.1	15900	7900	1620	805	12.4
22	44	12	0.6	9400	5050	960	515	14.0
	50	14	1	12900	6800	1320	695	13.5
	56	16	1.1	18400	9250	1870	940	12.4

リアミド（ナイロン66，ナイロン46），ふっ素樹脂などがあり，それらをガラス繊維や炭素繊維で強化して用いる．

4-1-2 転がり軸受の選定（カタログの見方・寿命計算）

転がり軸受は，軸受メーカーのカタログから，必要な大きさ，機能の軸受を選定して使用する．JISでは，JIS B 1512に，使用に際して必要な寸法，軸受内径，軸受外径，幅（ラジアル軸受），または高さ（スラスト軸受）および面取り寸法を定めているので，メーカーによる寸法の差異はない．

表4-1と**図4-8**に，代表的な転がり軸受である単列深溝玉軸受のメーカーのカタログ表示の一部を抜粋して示す．カタログには，種々の寸法や基本定格荷重，許容回転数などが示されている．

(1) 主要寸法

図4-8に示すように，d, D, B, r は軸受の主要寸法で，d は軸受内径，D

のカタログ記載例[4]

許容回転数 [min^{-1}]			呼び番号			
グリース潤滑		油潤滑				
開放形 Z・ZZ形 V・VV形	DU形 DDU形	開放形 Z形	開放形	シールド形	シール形	
26 000	15 000	30 000	6303	ZZ	VV	DD
24 000	15 000	28 000	6903	ZZ	VV	DDU
22 000	—	26 000	16003	—	—	—
22 000	13 000	26 000	6003	ZZ	VV	DDU
17 000	12 000	20 000	6203	ZZ	VV	DDU
15 000	11 000	18 000	6303	ZZ	VV	DDU
22 000	13 000	26 000	6804	ZZ	VV	DD
19 000	12 000	22 000	6904	ZZ	VV	DDU
18 000	—	20 000	16004	—	—	—
18 000	11 000	20 000	6004	ZZ	VV	DDU
15 000	11 000	18 000	6204	ZZ	VV	DDU
14 000	10 000	17 000	6304	ZZ	VV	DDU
17 000	11 000	20 000	60/22	ZZ	VV	DDU
14 000	9 500	16 000	62/22	ZZ	VV	DDU
13 000	9 500	16 000	63/22	ZZ	VV	DDU

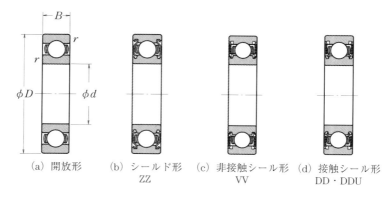

図 4-8　単列深溝玉軸受の主要寸法記号とシールド・シール形式[4)]

は軸受外径，B は軸受幅，r は軸受角部の丸み半径を示している．

JIS による転がり軸受の寸法は，内径を基準とし，外径および幅の系列を組み合わせて表される．

① 直径系列

同じ内径の転がり軸受では，外径が大きいほど重荷重

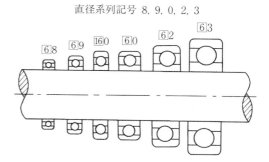

図 4-9　単列深溝玉軸受の直径系列

に耐える．同一内径の軸受に対して，軸受外径の大きさを直径系列を用いて表す．直径系列は，7, 8, 9, 0, 1, 2, 3, 4 の 8 系列あり，7 から順に外径が大きくなる．単列深溝玉軸受の例を図 4-9 に示す．

② 幅系列

軸受の内径と外径が同一であっても，軸受幅の異なる種類がある．同一の内径，外径の軸受に対して，軸受の幅の大きさを幅系列を用いて表す．幅系列は，8, 0, 1, 2, 3, 4, 5, 6 の 8 系列あり，8 から順に外径が大きくなる．

③ 寸法系列

幅系列と直径系列を組み合わせた 2 桁の数字で表したものを寸法系列と呼

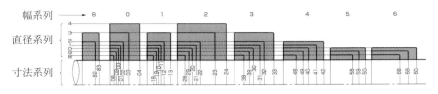

図 4-10 ラジアル軸受の寸法系列の図式表示（直径系列 7 は省略）[5]

ぶ．図 4-10 は，これらの組合せを示したもので，例えば幅系列 0，直径系列 4 の場合には，寸法系列 04 で表される．幅系列 0, 1 は省略される場合が多い．

（2）呼び番号

転がり軸受には非常に多くの種類があるので，JIS では呼び番号を用いて区別できるようにしている．呼び番号は，基本番号と補助記号とで構成される．

基本番号は，軸受の形式，主要寸法など基本的な内容を表すもので，軸受系列記号，内径番号および接触角記号から構成されて，補助記号は，基本番号の前後に付け，シール・シールドの有無，内部すきま，軸受の精度などの軸受仕様を表す．以下に例を示す．

<u>6 2 04 ZZ C3</u>

6：軸受の種類（形式記号）6 は，深溝玉軸受であることを示す．

2：寸法系列を表しているが，深溝玉軸受では，幅系列記号を省略するので，直径系列が 2 であることを示す．

04：軸受の呼び内径を示す．この数値を 5 倍した値が内径の寸法になる．よって，$04 \times 5 = \phi 20$ mm を表している．ただし，00〜03 は次のようになる．

00 = $\phi 10$ mm，01 = $\phi 12$ mm，02 = $\phi 15$ mm，03 = $\phi 17$ mm

また，$\phi 1 \sim \phi 9$ mm は 1〜9 の 1 桁の数字で，$\phi 22$，$\phi 28$，$\phi 32$ と $\phi 500$ mm 以上の場合は，／（スラッシュ）の後に内径寸法の数字で表す．

ZZ：図 4-8 に示したように，軸受にシールドを付けたことを表し，Z で片側，ZZ で両側に付けたことを示す．**表 4-2** に比較を示す．

C3：ラジアル内部すきまの等級を表す．

<u>7 2 06 C DB P5</u>

7：軸受の種類（形式記号）7 は，アンギュラ玉軸受であることを示す．

表 4-2 玉軸受のシールド・シールの比較[5]

形式および記号	シールド形	シール形	
	非接触形 ZZ	非接触形 LLB (NTN) VV (NSK)	接触形 LLU (NTN) DDU (NSK)
構造	金属のシールド板を外輪に固定し，内輪シール面のV溝とのラビリンスすきまを形成	鋼板に合成ゴムを固着したシール板を外輪に固定し，シール先端部は内輪シール面のV溝に沿ってラビリンスすきまを形成	鋼板に合成ゴムを固着したシール板を外輪に固定し，シール先端部は内輪シール面のV溝側面に接触している
性能比較 摩擦トルク	小	小	やや大
性能比較 防塵性	良好	ZZ形より良好	最も優れる
性能比較 防水性	不適	不適	極めて良好
性能比較 高速性	開放形と同じ	開放形と同じ	接触シールによる限界がある

2：寸法系列を表しているが，アンギュラ玉軸受では，幅系列記号を省略するので，直径系列が2であることを示す．

06：軸受の呼び内径を示す．06×5＝φ30 mmを表している．

C：玉と内輪・外輪との接触角を表す記号．Cは15°，A5は25°，Aは30°（省略可能），Bは45°である．

DB：アンギュラ玉軸受の組合せ記号で，背面組合せを示す．正面組合せはDF，並列組合せはDTを用いる．**表 4-3**に組合せ方と特徴を示す．
　　（DB：Double Back，DF：Double Face，DT：Double Twin）

P5：精度等級記号で，5級であることを示す．

　2 30 34 B D1

2：軸受の種類（形式記号）2は，自動調心ころ軸受であることを示す．

30：寸法系列を表し，幅系列が3，直径系列が0であることを示す．

表 4-3 アンギュラ玉軸受の組合せの種類[6]

背面組合せ形 （CB）		・ラジアル荷重と両方向のアキシャル荷重を受けることができる ・軸受の作用点間距離 l が大きいため，モーメント荷重の負荷能力が大きい ・許容傾き角は小さい
正面組合せ形 （DF）		・ラジアル荷重と両方向のアキシャル荷重を受けることができる ・軸受の作用点間距離 l が小さくなり，モーメント荷重の負荷能力が小さい ・許容傾き角は背面組合せより大きい
並列組合せ形 （DT）		・ラジアル荷重と一方向のアキシャル荷重を受けることができる ・2個でアキシャル荷重を受けるので，大きなアキシャル荷重を受けることができる

34：軸受の呼び内径を示す．$34 \times 5 = \phi 170$ mm を表している．

B：B形（非対称ころ）を表す記号．

D1：油穴油溝付きであることを示す．

（3）基本定格荷重・寿命計算

表 4-1 のカタログを見ると，基本定格荷重には，C_r と C_{r0} があることがわかる．C_r は基本動定格荷重（基本動ラジアル荷重），C_{r0} は基本静定格荷重（基本静ラジアル荷重）をそれぞれ表している．

① 基本動定格荷重と基本定格寿命

軸受の内輪・外輪の軌道面や転動体は，回転することにより繰り返し圧縮荷重を受けて，材料の疲労によるフレーキング（flaking）というはく離が発生し，使用に耐えなくなる（図 4-11）．

軸受の寿命は，このようなフレーキングが生じるまでの総回転数で表される．しかし，実際には同じ形式の同じ大きさの軸受を同じ条件で運転しても，寿命にはかなり大きなばらつきが出る．したがって，一群の同じ軸受を同一条件で個々に回転させたとき，その 90 %（信頼度 90 %）が転がり疲れによる

(a) アンギュラ玉軸受の内輪(取付け不良による損傷例)　(b) 深溝玉軸受の内輪(衝撃荷重の圧痕から進展)

図 4-11　フレーキングの例[7]

フレーキングを生じることなく回転できる実質的な総回転数を基本定格寿命と定義している．

転がり軸受の寿命は，その軸受にかかる荷重の大小によっても左右されるので，その軸受に100万回転（10^6 回転）の基本定格寿命を保証する一定の静荷重を基本動定格荷重と定義した．

② 定格寿命の計算式

転がり軸受の疲れ寿命と荷重との関係は，図 4-12 に示すように，玉軸受の寿命 L は荷重 P の3乗に逆比例し，ころ軸受では10/3乗に逆比例することが実験より知られている．L は100万回転（10^6 回転）のとき1とし，そのときの荷重 C（$= C_r$）が基本動定格荷重である．

これより，信頼度90％の定格寿命（L_{10}）の計算式は，次のようになる．

$$L_{10} = \left(\frac{C_r}{P}\right)^3 \ [\times 10^6] : 玉軸受の場合 \tag{4.1}$$

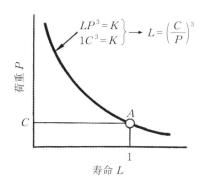

図 4-12　荷重と寿命との関係[8]

$$L_{10} = \left(\frac{C_r}{P}\right)^{3/10} \ [\times 10^6]$$
$$: ころ軸受の場合 \tag{4.2}$$

ここで，C_r は基本動定格荷重 [N]，P は転がり軸受に加わる荷重 [N] である．

また，疲れ寿命を総回転数ではなく，寿命時間で表す場合には，100万回転する時間を基準として，次の式で計算できる．

$$L_h = \frac{10^6}{60n}\left(\frac{C_r}{P}\right)^3 \quad [時間:h]:玉軸受の場合 \tag{4.3}$$

$$L_h = \frac{10^6}{60n}\left(\frac{C_r}{P}\right)^{3/10} \quad [時間:h]:ころ軸受の場合 \tag{4.4}$$

ここで，n は回転数 [rpm] である．

各種の機械に使われる転がり軸受は，使用条件によって異なる必要な寿命時間を決め，そこから軸受の選定をすることになる．**表 4-4** に，いろいろな機械に使われる軸受の必要寿命時間の経験的な値を示す．

[軸受の選定方法]

・表4-4を参考に必要寿命時間 L_h を決める．

・軸受にかかる荷重を計算し，使用回転数を決め，式 (4.3) または式 (4.4)

表 4-4 転がり軸受使用機械と必要寿命時間の目安[6]

使用区分	使用機械と必要寿命時間 L_h [×10³ 時間]				
	～4	4～12	12～30	30～60	60～
短時間または，ときどき使用される機械	家庭用電気機器，電動工具	農業機械，事務機械			
短時間または，ときどきしか使用されないが，確実な運転を必要とする機械	医療機器，計器	家庭用エアコン，建設機械，エレベータ，クレーン	クレーン（シーブ）		
常時ではないが，長時間運転される機械	乗用車，二輪車	小型モータ，バス・トラック，一般歯車装置，木工機械	工作機械スピンドル，工場用汎用モータ，クラッシャ，振動スクリーン	重要な歯車装置，ゴム・プラスチック用カレンダロール，輪転印刷機	
常時1日8時間以上運転される機械		圧延機ロールネック，エスカレータ，コンベヤ，遠心分離機	客車・貨車（車軸），空調設備，大型モータ，コンプレッサ・ポンプ	機関車（車軸），トラクションモータ，鉱山ホイスト，プレスフライホイール	パルプ・製紙機械，舶用推進装置
1日24時間運転され事故による停止が許されない機械					水道設備，鉱山排水・換気設備，発電所設備

から基本動定格荷重 C_r を求める.

・求めた C_r の値を満足する軸受を軸受カタログから選定する.

≪例題≫

定格寿命 $L_h = 10\,000$ h 以上, 回転数 $n = 1000$ rpm, ラジアル荷重 $P = 1$ kN の使用条件を満足する深溝玉軸受を選定せよ.

≪解答≫

式 (4.3) において, $L_h = 10\,000$ h, $n = 1000$ rpm, $P = 1$ kN より, 基本動定格荷重 C_r を求めると,

$$C_r \fallingdotseq 8440 \text{ N}$$

となるので, 表 4-1 の C_r が 8440 N 以上の呼び番号の軸受を探すと,

6203	内径 $\phi 17$	$C_r = 9550$ N
6004	内径 $\phi 20$	$C_r = 9400$ N
60/22	内径 $\phi 22$	$C_r = 9400$ N

の 3 種類の深溝玉軸受を選定できる.

③ 基本静定格荷重

転がり軸受にかかる荷重は, 回転している場合は, 転動体が通過するときにのみ軌道面に大きな応力が発生することになるが, 静止している場合は, 内外輪の一部のみが常に荷重を担うことになり, 永久変形が生じることがあるので, 回転している場合とは異なる荷重限度が必要となる.

JIS では, その限度として, 軸受が停止している状態で最大応力を受ける接触部において, 転動体と軌道輪の永久変形の和が, 転動体の直径の 1/10 000 となるような静止荷重を基本静定格荷重と定め, 静止時に許しうる最大荷重としている.

基本静定格荷重は, ベアリングメーカーによってわずかに異なるので, 基本動定格荷重とともに各メーカーのカタログに記載されている.

(4) 許容回転数

転がり軸受の回転速度が大きくなるにつれて, 軸受内部の転動体と軌道輪の間で発生する摩擦熱によって軸受の温度上昇が大きくなり, 焼付きなどの損傷が発生し, 軸受は安定した運転を続けることができなくなる.

許容回転数 (速度) [rpm, min^{-1}] は, 焼付きやある限度以上の発熱を生じさせないで軸受の運転を続け得る経験的な速度の許容値である. したがって,

各軸受の許容回転数は，軸受の形式・寸法，保持器の形式・材料，軸受荷重，潤滑方法，軸受周辺を含めた冷却状況などによって異なる．

軸受寸法表には，軸受ごとにグリース潤滑および油潤滑の場合の許容回転速度の目安が記載されている．グリース潤滑と油潤滑では，油潤滑の許容回転速度のほうが高い．

転がり軸受の許容回転数の一つの指標として，$d_m n$ 値または dn 値が慣例的に用いられる．d_m は転動体のピッチ円直径 $= (D+d)/2$ [mm]，d は軸受内径 [mm]，n は回転数 [rpm] である．転がり軸受の $d_m n$ 値はグリース潤滑では 30 万，油潤滑では 40 万程度が目安とされている．潤滑方法や軸受材料などを工夫することにより，$d_m n$ 値で 330 万を達成した工作機械用玉軸受が製品化されている．

（5）転がり軸受の精度

軸受の精度には，寸法精度と回転精度が規定（JIS B 1514）されている．

表 4-5 軸受形式と精度等級[6]

軸受形式		適用規格	精度等級				
深溝玉軸受		JIS B 1514 (ISO 492)	0 級	6 級	5 級	4 級	2 級
アンギュラ玉軸受			0 級	6 級	5 級	4 級	2 級
自動調心玉軸受			0 級	—	—	—	—
円筒ころ軸受			0 級	6 級	5 級	4 級	2 級
針状ころ軸受			0 級	6 級	5 級	4 級	—
自動調心ころ軸受			0 級	—	—	—	—
円すいころ軸受	メートル系	JIS B 1514	0 級，6X 級	6 級	5 級	4 級	—
	インチ系	ANSI/ABMA Std.19	Class 4	Class 2	Class 3	Class 0	Class 00
	J 系	ANSI/ABMA Std.19.1	Class K	Class N	Class C	Class B	Class A
スラスト玉軸受		JIS B 1514 (ISO 199)	0 級	6 級	5 級	4 級	—
スラスト自動調心ころ軸受			0 級	—	—	—	—
			低	←	精度	→	高

転がり軸受 { ・寸法の許容差・許容値（軸・ハウジングに取り付けるときに必要な項目）
の精度　　・回転精度（回転体の振れを抑えるために必要な項目）

軸受の精度等級には，普通精度のJIS 0級から精度が高くなるに従いJIS 6級，JIS 5級，JIS 4級およびJIS 2級が規定されていて，2級がJISでは最も高精度である．主な軸受形式について適用される規格及び精度を**表 4-5**に示す．

（6）転がり軸受の内部すきま

軸受の内部すきまとは，軸またはハウジングに取り付ける前の状態で，内輪または外輪のいずれかを固定して，**図 4-13**に示すように固定されていない軌道輪をラジアル方向またはアキシャル方向に移動させたときの軌道輪の移動量をいう．移動させる方向によって，それぞれラジアル内部すきままたはアキシャル内部すきまと呼ぶ．**表 4-6**に，深溝玉軸受のラジアル内部すきまを示す．内部すきまの大きさを表す記号は，C1，C2，CN（普通すきま），C3，C4，C5を用い，すきまの大きさはC1＜C2＜CN＜C3＜C4＜C5となる．

内部すきまは，理論的には，軸受の定常運転状態での運転すきまが，わずかに負であるとき軸受寿命は最大となるが，実際にこの最適条件を常に保つことは困難である．何らかの使用条件の変動によって負のすきま量が大きくなると，著しい寿命低下と発熱を招くので，一般には軸が回転中のすきまが0よりわずかに大きくなるように初期の軸受内部すきまを選定する．通常の使用条件，すなわち普通荷重のはめあいを用い，回転速度，運転温度などが通常である場合には，普通すきまCNを選定することによって適切な運転すきまが得られる．**表 4-7**に，CN（普通）すきま以外の内部すきまを適用する例を示す．

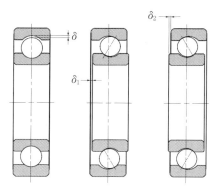

図 4-13 軸受内部すきま（δ：ラジアル内部すきま，$\delta_1 + \delta_2$：アキシャル内部すきま）

表 4-6 深溝玉軸受のラジアル内部すきま（単位：μm）

呼び軸受内径 d [mm]		C2		CN		C3		C4		C5	
を超え	以下	最小	最大	最小	最大	最小	最大	最小	最大	最小	最大
—	2.5	0	6	4	11	10	20	—	—	—	—
2.5	6	0	7	2	13	8	23	—	—	—	—
6	10	0	7	2	13	8	23	14	29	20	37
10	18	0	9	3	18	11	25	18	33	25	45
18	24	0	10	5	20	13	28	20	36	28	48
24	30	1	11	5	20	13	28	23	41	30	53
30	40	1	11	6	20	15	33	28	46	40	64
40	50	1	11	6	23	18	36	30	51	45	73
50	65	1	15	8	28	23	43	38	61	55	90
65	80	1	15	10	30	25	51	46	71	65	105
80	100	1	18	12	36	30	58	53	84	75	120
100	120	2	20	15	41	36	66	61	97	90	140

表 4-7 普通すきま（CN）以外のすきまの適用例[5]

使用条件	適用例	選定内部すきま
重荷重，衝撃荷重を負荷し，しめしろが大きい	鉄道車両用車軸	C3
	振動スクリーン	C3, C4
方向不定荷重を負荷し，内輪・外輪ともにしまりばめにする	鉄道車両トラクションモータ	C4
	トラクタ・終減速機	C4
軸または内輪が加熱される	製紙機・ドライヤ	C3, C4
	圧延機テーブルローラ	C3
回転時の振動・騒音を低くする	小型電動機	C2, CM
軸の振れを抑えるため，すきまを調整する	工作機械主軸（複列円筒ころ軸受）	C9NA, C0NA CC9, CC1
内輪・外輪ともにすきまばめ	圧延機ロールネック	C2
CM：電動機用軸受のラジアル内部すきま C9NA, C0NA：円筒ころ軸受の非互換性ラジアル内部すきま（NTN） CC9, CC1：円筒ころ軸受の非互換性ラジアル内部すきま（NSK）		

4-1-3 転がり軸受の取付け方法（はめあい・予圧）

（1）転がり軸受の配列

転がり軸受を軸またはハウジングに固定するためには，しめしろによる固定だけでは十分でないことがある．アキシャル荷重（スラスト）を受ける軸受については，軌道輪が軸方向に移動しないように固定する必要がある．また，アキシャル荷重を受けない軸受（円筒ころ軸受など）でも，モーメント荷重による軸たわみにより軌道輪が移動する場合があり，軸受の損傷が発生する恐れがあるので，軸方向の固定が必要である．**表 4-8** に示すように，軸やハウジングに段を付け，そこに軌道輪端面を当て，**図 4-14** に示すようなナットやねじに

表 4-8 一般的な転がり軸受の固定方法[6]

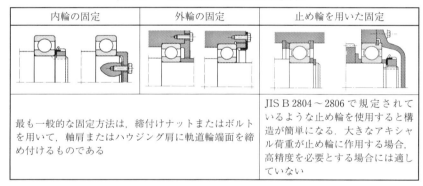

内輪の固定	外輪の固定	止め輪を用いた固定
最も一般的な固定方法は，締付けナットまたはボルトを用いて，軸肩またはハウジング肩に軌道輪端面を締め付けるものである		JIS B 2804～2806 で規定されているような止め輪を使用すると構造が簡単になる．大きなアキシャル荷重が止め輪に作用する場合，高精度を必要とする場合には適していない

(a) ロックナット　　(b) ロックナット用座金　　(c) C形軸用同心止め輪

図 4-14　軸受固定用ナット，座金，止め輪

4-1 転がり軸受　111

よって締め付ける方法や，止め輪を用いて固定する方法がある．

　さて，軸は2個の転がり軸受で支持されるので，用途に応じてその配列を決める必要がある．2個の軸受間の軸が温度変化により伸縮する場合，この伸縮対策が十分でないと，軸受に異常なアキシャル荷重が作用し，軸受の早期破損の原因ともなる．

　そこで，**表4-9**に示すような軸受の配列が推奨されている．軸の伸縮を考慮する場合は，一方を固定側とし，他方は自由側として取り付ける必要がある．軸受間隔が短く，軸の伸縮の影響が少ない場合は，固定側・自由側の区別をす

表4-9　代表的な軸受配列と適用例[4]

軸受配列		摘要	適用例（参考）
固定側	自由側		
（図）	（図）	・極めて一般的な配列である ・ラジアル荷重のほかに，ある程度のアキシャル荷重も負荷できる	両吸込み形渦巻ポンプ，自動車変速機など
（図）	（図）	・軸の伸縮があっても，軸受に異常なアキシャル荷重がかからない標準的な配列である ・取付け誤差の少ない場合，高速の用途に適する	中型電動機，送風機など
（図）	（図）	・重荷重・衝撃荷重に耐え，アキシャル荷重もある程度負荷できる ・円筒ころ軸受は，各形式とも分離形であるため，内輪・外輪ともにしめしろが必要なときに適する	車両用主電動機など
固定側・自由側の区別のない場合		摘要	適用例（参考）
背面取付け（図） 正面取付け（図）		・重荷重や衝撃荷重に耐えられるので，広く用いられる配列である ・背面取付けは，特に軸受間距離が短く，モーメント荷重の作用する場合に都合がよい ・正面取付けは，内輪にしめしろが必要な場合には，取付けが容易となる．また，一般に取付け誤差があるときに有利である ・予圧の状態で使用する場合には，予圧の大きさと，すきま調整に注意を要する	自動車差動歯車装置ピニオン軸，自動車前輪・後輪，ウォームギヤ減速機など

ることなく，一方向だけアキシャル荷重を受けられる軸受を2個対向させて取り付けるなどの方法がある．

（2）転がり軸受のはめあい

転がり軸受は，内輪および外輪を軸またはハウジングに固定して荷重を受けたときに，軌道輪と軸またはハウジングのはめあい面でラジアル方向，アキシャル方向および回転方向に相対的な動きが生じないようにする．

不適切なはめあいは，軸受の破損や短寿命になる場合があるので，選定には十分な検討が必要である（**表 4-10**）．

・回転荷重が作用する軌道輪は「しまりばめ」にする必要がある．逆に，静止荷重が作用する軌道輪は「すきまばめ」にすることができる．
・深溝玉軸受に代表される非分離形軸受では，内輪または外輪のいずれか一方を「すきまばめ」とするのが一般的である．

（3）転がり軸受の予圧

一般には運転状態でわずかな内部すきまを与えて使用するが，用途によって

表 4-10　ラジアル荷重の性質とはめあい[6]

図例	回転の区分	荷重の性質	はめあい
静止荷重	内輪回転 外輪静止	内輪回転荷重 外輪静止荷重	内輪：しまりばめ 外輪：すきまばめ
不つり合い荷重	内輪静止 外輪回転		
静止荷重	内輪静止 外輪回転	内輪静止荷重 外輪回転荷重	内輪：すきまばめ 外輪：しまりばめ
不つり合い荷重	内輪回転 外輪静止		

は，あらかじめ荷重を加えて軸受内部すきまを負の状態にして用いることがある．このような軸受の使い方を予圧法といい，アンギュラ玉軸受，円すいころ軸受に多く適用される．

・予圧の目的

軸受を予圧することによって，転動体と軌道面との接触点で常に弾性圧縮力を受けている結果，次の効果が得られる．

① 荷重負荷時にも内部すきまが発生しにくく，剛性が高くなる．
② 軸の固有振動数が高くなり，高速回転に適する．
③ 軸振れが抑えられ，回転精度および位置決め精度が向上する．
④ 振動および騒音が抑制される．
⑤ 外部振動によって発生するフレッティングを防止する．

しかし，過大に予圧を加えると，寿命低下，異常発熱，回転トルク増大などを招くので，適切な予圧量でなければならない．

・予圧の方法

軸受に予圧を与える一般的な方法は，**図 4-15** に示す定位置予圧と定圧予圧に分けられる．定位置予圧は，ナットやねじで内輪ないしは外輪を一定の位置に締め付け，予圧を与えることができ，軸受同士の位置が固定され，剛性を高めるのに有効である．定圧予圧は，ばねで一定の力を加え，一定の予圧を与えることができるため，運転中の熱影響および荷重の影響による軸受間の位置の変化があっても，予圧量を一定に保つことができる．

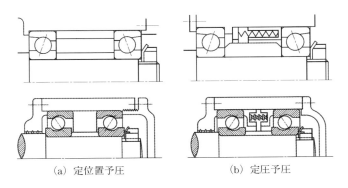

(a) 定位置予圧　　　　　(b) 定圧予圧

図 4-15　転がり軸受の予圧方法[4]

4-1-4 転がり軸受の潤滑

転がり軸受を潤滑する目的は，軌道面と転動体の表面に薄い油膜を形成して金属と金属が直接接触するのを防ぐことである．潤滑には，転がり軸受にとって摩擦および摩耗の軽減，摩擦熱の排出，軸受寿命の延長，さび止め，異物の浸入防止のような効果がある．したがって転がり軸受では，通常，グリースまたは油による潤滑が行われる．

(1) グリース潤滑

グリースは，鉱油や合成油などの潤滑油(基油)を増ちょう剤(リチウム，ナトリウム，カルシウムなどの金属石けん)で保持し，酸化防止剤，極圧添加剤，防せい剤などの添加剤を加えたものである．グリースの性能は，基油，増ちょう剤および添加剤の種類や組合せによって定まる．グリース潤滑は，取扱い，保守が容易であることから，転がり軸受の潤滑法として広く使用されている．

グリースの充填量は，ハウジングの設計，空間容積，回転速度，グリースの種類などによって異なる．充填量の目安は，軸受へは空間容積の30～40%，ハウジングへは空間容積の30～60%とする．回転速度の高い場合や温度上昇を低く抑えたいときには少なめにする．グリース充填量が多過ぎると，温度上昇が大きくなり，グリースの軟化による漏れ，または酸化などの変質によってグリースの潤滑性能の低下を招く．

(2) 油 潤 滑

一般に，油潤滑は，軸受から発生する熱量または軸受に加えられる熱量を外部に排除する必要がある場合に適している．**図 4-16** に，潤滑油の供給油量と軸受の摩擦損失および温度上昇との関係を示す．油量が少ないと，転動体

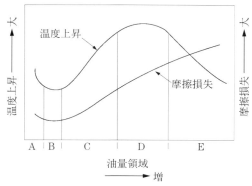

図 4-16 油量と摩擦損失，軸受温度[6]

表 4-11 油量と摩擦損失,軸受温度の特徴[6]

領域	特徴	潤滑方法例
A	油量が非常に少ない場合,転動体と軌道面が部分的に金属接触し,軸受の摩耗,焼付きが発生する	—
B	完全な油膜が形成され,摩擦は最小で軸受温度も低い	グリース潤滑 オイルミスト エアオイル潤滑
C	さらに油量が増えた場合で,発熱と冷却が平衡している	循環給油
D	温度上昇は油量に関係なく,ほぼ一定	循環給油
E	油量がさらに増すと,冷却効果が顕著になり軸受温度が下がる	強制循環給油 ジェット潤滑

と軌道輪が接触し,温度上昇が大きくなる.油量を少し増加させると,油膜が形成され温度上昇は急に小さくなる.さらに油量を増加させると,油の撹拌が原因で温度上昇が起きる.しかし,さらに油量が増加すると,供給油の冷却能力が撹拌による発熱に勝り,温度は低下してくる(**表 4-11**).

(3) 油潤滑の方法[9]

① 油浴潤滑

油潤滑で最も一般的な方法である(**図 4-17**).低・中速の回転速度で広く使用されている.油面は,オイルゲージにて,横軸では停止時で転動体最下部の中心,縦軸で低速時には転動体の 50〜80 % であることを確認する.摩耗鉄粉の油中への分散防止のため,磁気栓を使用するとよい.

② 循環給油

軸受を冷却するため,あるいは給油部位が多く,集中自動給油するときに用いる.給油系統中にクーラを設けて潤滑油を冷却したり,フィルタを使えば,潤滑油を清浄に保てるなどの特長がある(**図 4-18**).

給油された油が確実に軸受を潤滑するように油の入口と出口を軸受に対し互いに反対側に設ける.油がハウジング内に溜まり過ぎないように注意する.

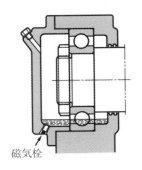

図 4-17 油浴潤滑

③ 滴下給油

上部に給油器(オイラ)を備えて油を滴下させ,回転部分の作用でハウジング内を油霧状にして潤滑するか,少量の油が軸受を通過するようにする(図4-19).

比較的高速で中荷重以下の場合に用いる.油量は,毎分数滴程度の例が多い.油がハウジング内に溜まり過ぎないように注意する.

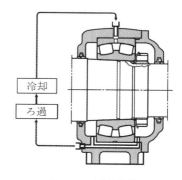

図 4-18 循環給油

④ 飛沫潤滑

歯車や簡単な羽根車などを軸に取り付けて油をはねかけ,飛沫にして給油する方法で,油槽から離れた軸受にも油の供給が可能であり,比較的高速まで使用可能である(図4-20).

油面のレベルをある範囲内に保つ必要がある.摩耗鉄粉の油中への分散防止のため,磁気栓を用いるとよい.また,軸受内部への異物侵入防止のためにはシールド板などを設けるとよい.

⑤ オイルミスト潤滑(噴霧潤滑)

オイルミスト発生装置で得られたドライミスト(霧状の油を含んだ空気)を給油箇所に連続して送り,ハウジングまたは軸受に設けたノズルによりウエットミスト(付着しやすい油の粒)にして,軸受に給油する方法である(図4-21).

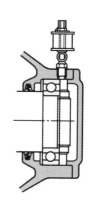

図 4-19 滴下潤滑

潤滑に必要な最小限の油膜を形成・保持させる方法で,油汚防止,軸受保守の簡素化,軸受疲れ寿命の延長,油の消費量の削減などの利点がある.また,潤滑油の抵抗が小さいので,高速回転に適する.

⑥ ジェット潤滑

ノズルから一定圧(0.1〜0.5 MPa 程度)の油を噴射

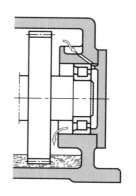

図 4-20 飛沫潤滑

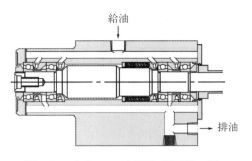

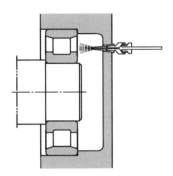

図 4-21　オイルミスト潤滑（研削盤の例）

図 4-22　ジェット潤滑

させて給油する方法で，冷却効果が大きい（図 4-22）．高速・重荷重に適する．一般に，ノズル径は 0.5～2 mm とし，軸受の側面から 5～10 mm の位置に設け，発熱量が大きい場合は 2～4 個のノズルを用いるとよい．

ジェット給油は，給油量が多いので，不必要な油の滞留を防ぐために排油ポンプを用いて強制排油するとよい．

⑦ **オイルエア潤滑**

微量の油を定量ピストンで吐出し，ミキシングバルブによって圧縮空気と混合させて軸受に連続的に安定して供給する方法である（**図 4-23**）．

微量の油の定量管理が可能で，常に新しい潤滑油を供給できるので，工作機械主軸など高速回転の用途に適している．

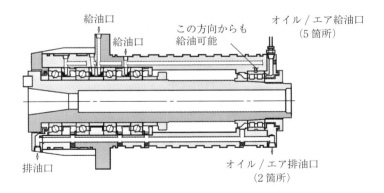

図 4-23　オイルエア潤滑

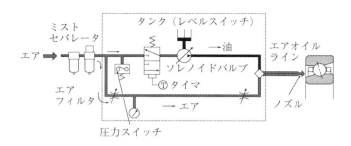

図 4-24　オイルエア供給装置

スピンドル内部には潤滑油とともに圧縮空気が供給されて内圧が高くなるので，外部からのごみや切削液などの侵入防止にも効果がある（**図 4-24**）．また，潤滑油は給油管中を流れるので，雰囲気汚染が非常に少ない．

4-1-5　転がり直動案内

機械構造において，テーブル送りなどの直動案内は，軸方向の精度を決定する重要な運動系である．直動案内は，工作機械，半導体・液晶関連製造装置をはじめ，ロボット，測定機器など，幅広い産業機械の性能を支える位置決め要素部品として多用されている．転がり直動案内は，回転形の軸受を平面スライド部分に使用範囲を広げたもので，性能面はもちろん，取付けや保守の容易さなど多くのメリットがあり，機械・装置の精密位置決めや搬送機構などに欠かすことのできない機械部品となっている．

転がり直動案内は，その使用目的によってさまざまな設計や機能が求められる．計測機器では，高剛性，高い駆動精度が重要なのに対し，搬送システムでは，主に高速性，高精度位置決めが求められる．**図 4-25** に転がり直動案内のレール案内形式の例を，また **図 4-26** に転がり直動案内をマシニングセンタに使

図 4-25　転がり直動案内の例[10]

用した例を示す．

さて，回転運動用の軸受は110年以上の歴史をもち，回転運動部のほとんどにベアリングが使われている．自動車のエンジンをはじめ，ビデオデッキのモータや，ローラスケートなど，使用用途は多岐にわたっている．ところが，直線運動部は，転がり化すれば多くのメリットがあることがわかっていながら，なかなか開発・製品化されてこなかった．機械のメカニズムの中で，直線運動部をつくることが難しいとされている．直線運動部に要求される条件を列記すると，次のようになる．

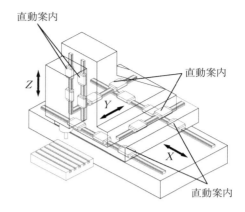

図 4-26 転がり直動案内使用例（マシニングセンタ概略図）[11]

① あらゆる方向に高剛性があって軽く動くこと
② 軽く動き，位置決め精度が得られやすいこと
③ トータルコストが安価であること
④ 寿命が長く精度維持が可能なこと
⑤ メンテナンスが容易なこと
⑥ 上下・左右方向の精度が出しやすいこと

一部の機械を除いて，ほとんどの機械がこれらの条件を必要とするために，この問題をいかに解決するかが直線運動部の長年の課題であった．

日本のメーカーが1970年代に直線運動部の転がり化を独自の技術により実現し，日本のNC工作機械，半導体製造装置，産業用ロボットなどの各種メカトロニクス機器の高精度化・高速化・省力化など，機械性能を飛躍的に向上させた．現在，液晶製造ライン，鉄道車両，福祉車両，医療用機器，高層ビルや住宅，アミューズメント機器などにも使用され，用途はまさに広がりを見せている．

表 4-12に，転がり直動案内の種類を示す．大きく分けて，レール案内形式，軸案内形式，平面案内形式の3種類に分類できる．さらに，これらは転動体を

表 4-12 転がり直動案内の種類[12]

軌道の形式	運動の種類	外観
レール案内形式	無限直線運動（循環方式）	LMブロック、LMレール、エンドプレート、エンドシール、ボール、ボールリテーナ
レール案内形式	有限直線運動（非循環方式）	専用レール、ストッパ、ローラ、ローラケージ
軸案内形式	無限直線運動（循環方式）	シール、スプライン軸、スプライン外筒、ボール、リテーナ、止め輪
軸案内形式	有限直線運動（非循環方式）	STシャフト、外筒、ボール、ボールゲージ、シール
平面案内形式	無限直線運動（循環方式）	リテーナ、軌道台、ローラ、リテーナ
平面案内形式	有限直線運動（非循環方式）	ケージ、ローラ

内部で循環させることにより，無限のストロークを可能にした形式と，転動体が循環しない有限ストロークの形式のものに分けられる．

転がり直動案内の個々の形式はまだ統一されていないため，取付け方法，取扱い方法などは，各メーカーのカタログを参考にする必要がある．

4-2 すべり軸受

すべり軸受は，軸と軸受の間に潤滑性のある油などの流体を入れて潤滑膜を形成して，軸と軸受の直接接触がない状態で回転させる機械要素である（図4-27）．

転がり軸受と同じように，荷重の加わる方向によって呼び方が異なり，半径方向の荷重を受ける軸受をジャーナル軸受，軸方向の荷重を受ける軸受をスラスト軸受と呼ぶ．

すべり軸受は，潤滑状態により三つの状態に分けられることがわかっている．図4-28に示すようなストライベック（Stribeck）曲線が実験的に求められた．縦軸に摩擦係数，横軸に潤滑油の粘度 η，すべり速度 V，単位面積当たりの垂直荷重（面圧）p を用いたパラメータ $\eta V/p$ をとると，潤滑状態を三つの状態，境界潤滑領域，混合潤滑領域，流体潤滑領域に分ける

図 4-27 すべり軸受（エンジン用）[13]

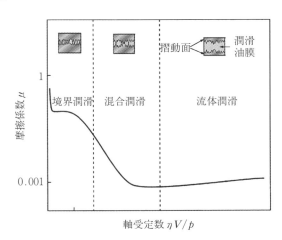

図 4-28 ストライベック曲線

ことができる．

（1）境界潤滑＝不完全潤滑

非常に大きな荷重が加わる場合や潤滑油が極端に少ない場合には，固体面に吸着した数分子膜程度の厚さの油膜のみによる潤滑形態となる．摩擦や高接触圧力で油膜が破れ，軸と軸受の凸部同士が頻繁に直接接触する状態で，摩擦が急激に増加する．また，荷重が増し，速度が落ち，または温度上昇により油膜が薄くなるにつれ，摩擦係数は急激に増大していく領域でもある．

潤滑油の化学的性質（油性，耐摩耗性，極圧性など）により，軸受表面と作用し，低い摩擦の固体膜で両面を守り，摩耗と表面加熱を小さくする働きをさせることができる場合もある．摩擦係数は $0.1 \sim 0.5$ 程度の大きな値になるため，一般的にはこの領域の潤滑にならないようにする．

（2）流体潤滑＝完全潤滑

摺動面は，表面粗さよりも十分に厚い流体潤滑油膜に支持されていて，その2面間の直接接触はなく，一般に摩擦も低く，摩耗も皆無に近い理想的な潤滑形態となる．流体潤滑下のすべり軸受では，静荷重の場合には寿命は半永久的であるが，動荷重においては軸受合金の疲労強度により寿命が決まる．摩擦抵抗は潤滑油の内部摩擦によるもので，潤滑油の流体力学的方法による計算で推定できる．摩擦係数は非常に小さく，$0.001 \sim 0.01$ 程度となる．

（3）混合潤滑

摺動面は，薄い流体潤滑油膜に支持されていて，それらの面の凸部同士の直接接触が生ずるような潤滑形態である．この領域では，荷重は一部は流体膜により，また一部は表面接触により支えられる．したがって摩擦抵抗は，一部は潤滑膜のせん断に，一部は表面粗さの作用によるものとなる．運転条件が厳しくなったり，完全な潤滑膜保持ができなくなったり，始動時の低速時，振動，揺動，給油不足などにより，実際によく起こる現実的な領域である．

（4）固体潤滑＝無潤滑

上記以外に，固体潤滑と呼ばれる潤滑形態がある．潤滑油を使用せず，プラスチックや特殊な固体物質など，自己潤滑性のある物質を摩擦面に被覆することによって摩擦や摩耗を低下させる潤滑形態である．

図4-29に示すように，流体潤滑軸受は，転がり軸受では対応できないよう

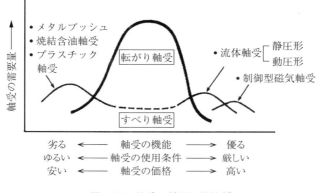

図 4-29 軸受の種類と特性 [14]

な高度な機能，厳しい使用条件で使用されることが多い．高精度，高速回転，長寿命，耐衝撃性などが要求される用途が挙げられる．一方，機能的には正反対に位置する比較的低速で，荷重も小さく，軸受面のある程度の摩耗も許容されるような用途には，安価で使いやすい接触を伴うすべり軸受が使用される．

4-2-1 すべり軸受の種類

すべり軸受は，荷重の方向によりジャーナル軸受とスラスト軸受に大別され，また，荷重支持原理により流体潤滑軸受と磁気軸受，流体潤滑軸受はさらに動圧軸受と静圧軸受に分類される．また，使用潤滑剤により液体潤滑軸受，気体軸受　無潤滑軸受（自己潤滑軸受あるいはドライベアリング）に，軸受材料により金属軸受，非金属（セラミックス，プラスチック，ゴムなど）軸受に分類される．**図 4-30** に，すべり軸受の種類の概略を示す．以下では，潤滑状態別による種類を示す．

（1）固体潤滑軸受（自己潤滑軸受：無潤滑）

オイレスベアリング，オイレスメタルと呼ばれている軸受で，給油が困難な場所や油を嫌う場所などで使われ，次の種類がある．

① 合成樹脂軸受

プラスチック軸受とも呼ばれ，四ふっ化エチレン（PTFE），ポリアミド（PA），フェノール（PF），ポリアセタール（POM）などの低摩擦樹脂を用い

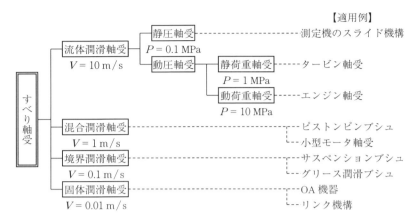

図 4-30　すべり軸受の種類

② 固体潤滑軸受

黒鉛(グラファイト：C)，二硫化モリブデン(MoS_2)，二硫化タングステン(WS_2)などの固体潤滑剤を埋め込んだ埋込み形軸受や，固体潤滑剤として黒鉛を添加した焼結軸受などがある．**図 4-31** は，固体潤滑剤埋込み形軸受の例で，大型船舶の航行時に橋を旋回して開橋する旋回軸の軸受に使用されている．

図 4-31　大型浮体橋旋回軸受 [15]

(2) 境界・混合潤滑軸受

すべり面に十分な油が供給できないような用途に用いる軸受で，すべり面同士が接触しても焼付きを起こさないように，摩耗が少なく，疲労強度が高いことが求められる．

このような軸受として，軸受摺動面に銅合金，アルミ合金，樹脂などをコーティングした多層軸受と，多孔質材に油を浸み込ませた含油軸受がある．

(a) 1層構造（ソリッドタイプ）　(b) 2層構造（バイメタルタイプ）　(c) 3層構造（トリメタルタイプ）

図 4-32　多層構造のすべり軸受

① 多層軸受の構造

　すべり軸受の構造は，図 4-32 に示すように，全体が同一材料からなる 1 層構造（通称，ソリッド軸受）といわれるものと，軸受摺動特性を受けもつ合金層と強度を受けもつ裏金層の 2 層構造をもつものや，さらにその上の表面に軟質のオーバレイ層（表面層）を設けた 3 層構造のものなどがある．ソリッドは，軸受合金のみで，その合金は，低摩擦性・耐摩耗性・耐疲労性・耐焼付き性・なじみ性などの性質を保有する．しかし，これのみでは強度的に不十分であるため，通常，裏金として鋼材をつけて 2 層構造としている．さらに，なじみ性・耐食性・埋収性などの性質を向上させるために，合金の上にオーバレイを施し，3 層構造としたものもある．

　軸受合金は，ホワイトメタル，銅・鉛合金，青銅，鉛青銅，りん青銅，アルミニウム合金などが使用される．

　オーバレイは，主に鉛（Pb）系とすず（Sn）系が使用され，ほかにビスマス系，樹脂系，スパッタオーバレイなどがある．

② 多孔質含油軸受

　含油軸受は，焼結金属，成長鋳鉄，合成樹脂などの多孔質（空孔のある）材料に潤滑油を含浸してつくられた軸受である．図 4-33 に示すように，多孔質部に含んだ油が軸の回転時

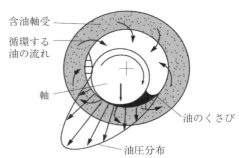

図 4-33　ポンプ作用による油の循環[16]

に孔から浸み出して，油圧の低い上の部分から高い油圧を受ける摺動部に向かって油が流れる．この油の流れによって生じる油のくさびが軸受の底面から軸をもち上げて，金属同士の接触を防止する働きをしている．回転が止まると，軸受内径面に存在する余分の油は毛細管力によって再び元の気孔に吸収されるので，少量の油で長期間潤滑することができる．

・焼結含油軸受

焼結合金は，金属粉末を圧縮成形し，融解点以下の温度で焼結して得られる合金である．この合金には無数の気孔があり，この気孔に潤滑油を含浸して自己潤滑性を利用した焼結含油軸受は古くから使用されている．含油率は，通常 10～35 % である．

・成長鋳鉄含油軸受

成長鋳鉄含油軸受は，主に普通鋳鉄を熱処理によって成長・多孔質化させて含油軸受としたもので，軸受性能以外の物性は，機械的強度を除けば普通鋳鉄と同一であり，製造上の寸法・形状に制約はほとんどない．軸受性能は含油軸受なので，耐焼付き性・耐摩耗性に優れる．また，高精度を要求される箇所では，ほとんどの軸やハウジングも同じ鉄鋼材料なので，熱膨張係数が等しく，運転中の精度を保持するうえから有利となる．

（3）流体潤滑軸受

1883 年に，タワー（B. Tower：1845～1904 年）が鉄道車両用軸受の実験中に油膜圧力を偶然に発見した．このタワーの発見から 3 年後の 1886 年，レイノルズ（O. Reynolds：1842～1912 年）によって圧力の発生を考慮した基礎方程式が生み出され，タワーの実験が理論的に証明された．この流体油膜圧力の発見が，流体潤滑理論の始まりであった．

① すべり軸受の作動原理（流体潤滑）

流体潤滑下のすべり軸受が安全に作動する原理には，二つの油膜発生メカニズムが関連している．

一つは **図 4-34** に示すくさび膜効果で，軸が回転するとき，油の粘性により油がつれ回り，軸と軸受との間でできるくさび状のすきまに油が引き込まれることにより発生するくさび油膜である．もう一つは，**図 4-35** に示す絞り膜効果で，軸が軸受に衝突しようとするとき，その間にある油を押しのけること

により生ずる絞り油膜である.

くさび油膜は，軸の回転が早いほど高い負荷容量をもつが，一般に許容される面圧 p のオーダーは 1 MPa レベルである.

絞り油膜は，軸が軸受に衝突するエネルギー，すなわち荷重が大きく，衝突速度が早いほど大きな油膜圧力が発生し，高い負荷容量をもつことができる．面圧 p のオーダーは，軸受材料の耐疲労強度にもよるが，通常 10 MPa のレベルにも及ぶ．

② **流体潤滑軸受用材料**

すべり軸受材料に要求される特性としては，繰返しの動荷重で疲労しないための耐疲労性，荷重により材料が潰れないための耐高面

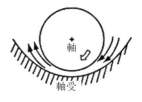

(a) 軸の回転によるくさび油膜圧力の発生
(b) くさび油膜圧力分布

図 4-34　くさび膜効果[17]

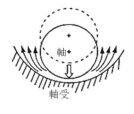
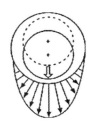

(a) 軸の接近による絞り油膜圧力の発生
(b) 絞り油膜圧力分布

図 4-35　絞り膜効果[17]

圧性のほか，耐高温度特性および耐摩耗性などの負荷能力と，片当たりなどを吸収するためのなじみ性や異物の影響を最小にするための異物埋収性および耐焼付き性などの順応性に加え，化学的な特性である耐食性など，種々の特性が必要となる（**図 4-36**）．

特に負荷能力は，一般に材料物性の強さ，硬さに関連する特性であり，逆に順応性は軟らかさに関連するものである．すべり軸受は，これらの相反する特性を合わせもつ必要があり，用途や使用条件により最適な材料

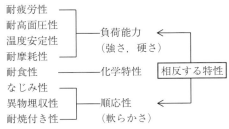

図 4-36　すべり軸受に要求される特性

表 4-13 代表的なすべり軸受材料

区分名称		合金系	特徴および用途
金属系	ホワイトメタル	Sn 基ホワイトメタル	金属系材料中最も順応性に優れるが，耐疲労性・耐温度性が低い．静荷重軸受や舶用エンジン用軸受に使用される
		Pb 基ホワイトメタル	
	銅系合金	銅-鉛合金	エンジン用軸受としては表面層付きで使用され，高負荷能力を有する．鉛青銅は耐摩耗性に優れ，ブシュなど，幅広く使用できる
		鉛-青銅合金	
	アルミニウム合金	Al-Sn 合金	ホワイトメタルの代替から高面圧用まで，またエンジン用軸受からブシュまで幅広い用途に適用できる．特に，他材質に比べ耐摩耗性・耐食性に優れる．Al-Pb 合金は耐焼付き性に優れ，Al-Zn 合金は表面層を付けて使用することもできる
		Al-Sn-Si 合金	
		Al-Pb 合金	
		Al-Zn 合金	
	オーバレイ（表面層）	Pb 系合金	各種合金の上に付けられ，順応性を改善する．厚さは通常 20 μm 前後であるが，Sn 系は摩耗低減のため 5 μm と薄い
		Sn 系合金	
樹脂系	ソリッド	PTFE 系	特に，強度と耐熱性に注目すべきである．PTFE 系は無潤滑で使用可能であり，他は固体潤滑剤や潤滑油が必要である．耐熱性は POM, PPS, PEEK の順に高い
		POM 系	
		PPS 系	
		PEEK 系	
	裏金付き	PTFE 系	ソリッドに比べて強度に対する問題がなく，熱伝導が良いため，高 PV に耐えうる．樹脂の特徴はソリッドと同じ
		POM 系	
		PEEK 系	

特性をもったものを選択する必要がある．したがって，軸受材料は，一般に硬質物と軟質物の複合組織や多層構造を有しているものが多く，種類も多種多様である．**表 4-13** に，代表的なすべり軸受材料を示す．

③ 動圧形流体潤滑軸受

流体潤滑軸受の用途には，転がり軸受では対応できないような高精度，高速回転，長寿命，耐衝撃性などが要求される用途がある．以下に，自動車エンジン用軸受とハードディスクドライブの軸受について示す．

a. エンジン用軸受（図 4-27 参照）

図 4-37 に示すようなエンジン用のすべり軸受は，高速で回転するクランクシャフトの運動に対して，クランクシャフトもしくはエンジンを守る役割をする部品であり，その機能は軸受要求特性の順応性が担っている．ただし，クランクシャフトを支持するうえでは，シリンダ内の爆発力や運動部の慣性力から

なる荷重を支える負荷能力を備えている必要がある．ディーゼルエンジンのような高荷重下では，相対的に十分な順応性を確保することが難しくなる．その対応として，高い負荷能力が要求されるディーゼルエンジン用のすべり軸受にはオーバレイ付きの3層軸受が多く用いられている．裏金と軸受合金で荷重を支え，なじみ性などの順応性はオーバレイで補足する．オーバレイは，軸受最表面に設けられた数十 μm 程度の薄い被膜

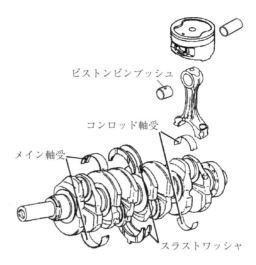

図4-37 エンジン用すべり軸受

層であり，薄膜効果によって必要な耐疲労性（強さ）を保持している．**図 4-38**

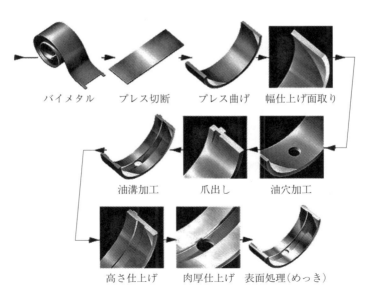

図4-38 半割り軸受の製造工程 [13]

に,半割りタイプの軸受の製造工程を示す.

・乗用車用エンジン軸受

アルミ合金の軸受が一般的に使用されているが,使用条件が厳しいディーゼルエンジンやスポーツタイプのエンジンでは,オーバレイ付きの銅合金の軸受も使用さる.

・トラック・バス用エンジン軸受

使用条件が非常に厳しく,長寿命であることが求められるため,オーバレイ付きの銅合金の軸受が使用されている.

・レース用エンジン軸受(F1など)

量産エンジンに比べて数倍の回転数で運転されるなど,非常に厳しい使用条件のため,レース専用に開発されたオーバーレイ付きの銅合金の軸受が主に使用されている.

b. ハードディスクドライブ(HDD)の軸受

ハードディスクの記録媒体である磁気ディスク(プラッタ)は,4200～15000回転/minと非常に高速回転している.このディスクを回転させるモータはディスク中心部分にあって,スピンドルモータと呼ばれる.スピンドルモータの回転軸に採用されている軸受には,古くから玉軸受が使用されてきたが,最近では流体動圧軸受が使用されている(図4-39).

玉軸受は,転がり抵抗が少なく,発熱に強いなどのメリットがあるが,回転精度としての回転振れ(非再現性振動:NRRO)の低減が困難であり,限界があった.そこで,軸が回転することで潤滑油に動圧を発生させる流体動圧軸受

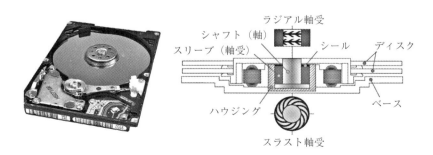

図4-39　HDDの軸受[18]

が玉軸受の代わりとして注目された．回転中の軸と軸受は，オイルの動圧によって非接触状態となり，非常に低い摩擦抵抗となることから，騒音や振動の発生が少なく，ハードディスクの軸受としては理想的であった．中でも，ブルーレイレコーダなどのAV機器へのハードディスク導入には，この流体動圧軸受による静音化が重要な役割を果たしたといわれている．

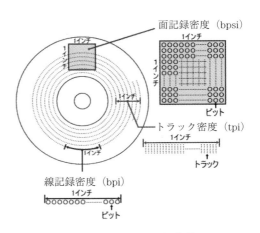

図 4-40　HDDの記録容量

ところで，HDDの記憶容量は年々増加しているが，大きさは変わっていない．なぜ，記憶容量が増やせるのだろうか．HDDの記憶容量を増やすためには，記録密度を高める必要がある．**図 4-40** に示すように，ディスクには同心円状にトラックが形成され，データが記録される．したがって，トラック密度 tpi (1インチ当たりのトラック数) が増えれば記録密度は増えることがわかる．トラック密度は，玉軸受を使ったHDDの場合，5万tpiが限度だといわれている．この場合，トラックとトラックの間隔(トラックピッチ)は $0.5\,\mu m$ である．正常な読み書きをするためには，ディスクの回転振れ(NRRO)がトラックピッチの1/10以下である必要があるといわれている．

流体動圧軸受を使ったHDDの場合，トラック密度は38万tpi (2.5型HDD)が実現できている．トラックピッチは，約 $0.07\,\mu m$ となる．流体動圧軸受を使うことで軸受の回転精度が向上し，約7倍の記録密度の向上ができたことになる．

④ 静圧形流体潤滑軸受

静圧形流体潤滑軸受は，**図 4-41** に示すように，潤滑流体(潤滑油あるいは空気など)をポンプなどで高圧に加圧し，作動流体として軸受面に供給することで，軸の運転速度に関わりなく流体潤滑状態が実現できる．

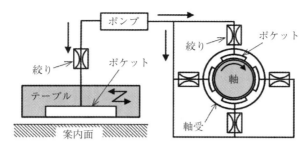

図 4-41 静圧軸受・案内の基本的構成[19]

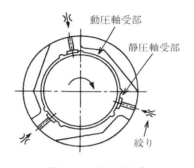

図 4-42 複合形軸受

特徴は，次のとおりである．
- 軸受面での摩擦係数が他の軸受形式に比べて極めて低く，スティック・スリップ（テーブルの間欠運動）のないなめらかな運転が可能
- 摩耗を生じず，機械精度の永年維持が可能
- 軸受面の加工誤差が潤滑膜で平均化され，部品精度より1桁高い精度での運動が可能

このような特徴により，静圧軸受・静圧案内は超精密工作機械・測定機器などに好んで採用される．形式的には，直動テーブルを支える「静圧案内面」，回転軸を支える「静圧軸受」が代表的で，それぞれ負荷を一方向から支える「浮上形」と向き合った軸受面で支える「対向形」とがある．

⑤ **複合形軸受（ハイブリッド形）**

動圧軸受と静圧軸受の双方の欠点を補い，長所を生かすことを目的とした軸受である．軸が静止しているときは，流体の静圧力で軸を非接触に支持して自重やベルトの張力による負荷を支え，回転時には流体の動圧力で負荷荷重を支える構造である（図 4-42）．

例えば，円筒研削盤の砥石軸では停止時に軸と軸受が金属接触せず，起動時には砥石車の大慣性負荷を回転させるときのベルト張力増大があっても，金属

接触が起こらず,研削加工時には,定格回転数で,最大の剛性が得られるようにすることができる.つまり,動圧軸受の特性を生かしたい用途において,起動停止時の安全性を確保し,軸受摩耗を防ぎたいときに,この軸受方式が有効である.

4-2-2 すべり軸受の選定

すべり軸受が,異常摩耗や焼付きなどを起こさないで正常な状態が維持されるには,面圧(単位面積当たりの荷重) p やすべり速度 V に限界がある.

固体潤滑軸受,境界・混合潤滑軸受で,軸受材料の選定に当たっては,軸受材料の許容面圧や許容すべり速度を考慮するとともに,面圧 p とすべり速度 V の積として表される pV 値が,軸受材料の使用可能な運転許容範囲を判定するためによく利用される.**図 4-43** の斜線部分が使用可能範囲を表している.また **表 4-14** は,潤滑区分による pV 値と p と V のオーダーを示す.

流体潤滑の場合のすべり軸受の限界条件について調べてみる.流体潤滑下では軸と軸受とは接触しないので,理論的には,すべり軸受は静荷重下では半永久的に使用することが可能である.しかし,現実には限界の主要因である p, V のほか,表面粗さ,潤滑油不足が大きく,その限界を左右することがわかっている.

軸受の設計に当たっては,次のパラメータが使用される.

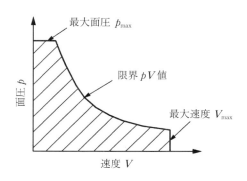

図 4-43 すべり軸受の使用範囲

表 4-14 潤滑区分による pV 値

区分	pV 値のオーダー [MPa·m/s]	p 値のオーダー [MPa]	V 値のオーダー [m/s]
流体潤滑	100	大側	10
混合潤滑	10	↑ 10 ↓	1
境界潤滑	1		0.1
固体潤滑	0.1	小側	0.01

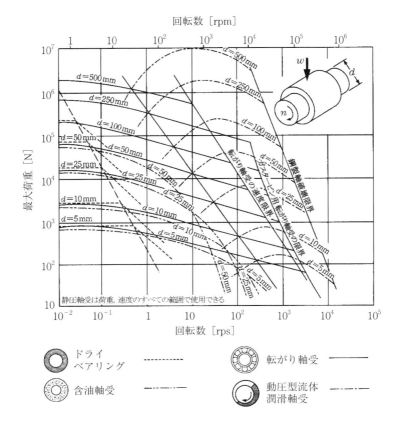

図 4-44　負荷能力による軸受の選択[20]

- すきま比　c/r：軸受すきまと軸半径の比．一般には 0.001 程度
- 幅径比 l/d：軸受幅と直径の比．通常 0.5〜2.0
- 軸受面圧 $p = W/dl$：軸受荷重を投影面積で除した値
- 軸受定数 $\eta V/p$：ストライベック曲線の横軸，油膜厚さに関係する値
- pV 値

図 4-44 に，軸受形式ごとの軸受荷重および軸回転数の目安を示す．また表 4-15 に，設計パラメータの具体的数値の一覧を示す．

表 4-15 軸受設計資料[21]

機械名	軸受	最大許容圧力 p [MPa]	最大許容圧力速度係数 pV [MPa·m/s]	適正粘度 η [mPa·s]	最小許容 $\eta n/p$ 値[*1] [$\times 10^{-8}$]	標準すきま比 C/r	標準幅径比 l/d
自動車用ガソリン機関	主軸受	$6^{*3} \sim 25^{*4}$	400	$7 \sim 8$	3.4	0.001	$0.8 \sim 1.8$
	クランクピン	$10^{*2,3} \sim 35^{*4}$	400		2.4	0.001	$0.7 \sim 1.4$
	ピストンピン	$15^{*2,3} \sim 40^{*4}$	—		1.7	< 0.001	$1.5 \sim 2.2$
往復ポンプ,圧縮機	主軸受	2^{*2}	$2 \sim 3$ $3 \sim 4$	$30 \sim 80$	6.8	0.001	$1.0 \sim 2.2$
	クランクピン	4^{*2}			4.8	< 0.001	$0.9 \sim 2.0$
	ピストンピン	$7^{*2,3}$			2.4	< 0.001	$1.5 \sim 2.0$
車両	軸	3.5	$10 \sim 15$	100	11.2	0.001	$1.8 \sim 2.0$
蒸気タービン	主軸受	$1^{*2} \sim 2^{*4}$	40	$2 \sim 16$	26	0.001	$0.5 \sim 2.0$
発電機,電動機,遠心ポンプ	回転子軸受	$1^{*2} \sim 1.5^{*2}$	$2 \sim 3$	25	43	0.0013	$0.5 \sim 2.0$
伝動軸	軽荷重	0.2^{*2}	$1 \sim 2$	$25 \sim 60$	24.0	0.001	$2.0 \sim 3.0$
	自動調心	1^{*2}			6.8	0.001	$2.5 \sim 4.0$
	重荷重	1^{*2}			6.8	0.001	$2.0 \sim 3.0$
工作機械	主軸受	$0.5 \sim 2$	$0.5 \sim 1$	40	0.26	< 0.001	$1.0 \sim 4.0$
打抜き機,シャー	主軸受	28^{*2}	—	100		0.001	$1.0 \sim 2.0$
	クランクピン	55^{*2}	—	100	—	0.001	$1.0 \sim 2.0$
圧延機	主軸受	20	$50 \sim 80$	50	2.4	0.0015	$1.1 \sim 1.5$
減速歯車	軸受	$0.5 \sim 2$	$5 \sim 10$	$30 \sim 50$	8.5	0.001	$2.0 \sim 4.0$

[*1]:設計の基準に用いるときは安全のため,この値の $2 \sim 3$ 倍をとる [*2]:滴下またはリング給油 [*3]:はねかけ給油 [*4]:強制給油

4-2-3 転がり軸受とすべり軸受の比較

軸受は,その作動原理により,すべり軸受と転がり軸受の2種類に分けられる.いずれもよく使われているが,その特徴はかなり異なっている.それぞれの特徴を理解して使用する必要がある.**表 4-16** に,転がり軸受を基準として

表 4-16 転がり軸受の特性を基準とした場合の各種軸受の特性比較[22]

軸受形式 軸受特性	油あるいは水潤滑軸受		気体軸受		接触形すべり軸受	磁気軸受
	動圧形	静圧形	動圧形	静圧形		
運動精度	5	5	5	5	1	2
負荷容量	4	3	1	2	1	3
剛性	2	3	1	2	1	4
減衰性	5	5	3	3	3	4
温度上昇	1	2	5	5	1	5
クリーン度	3	3	5	5	2	5
軸受消費動力	2	2	5	5	1	3
製作容易性	2	2	1	1	4	1
保守	3	2	3	2	3	3
寿命	5	5	5	5	1	5
価格	2	1	2	1	4	1

5:優れる 4:やや優れる 3:同程度 2:やや劣る 1:劣る

すべり軸受磁気軸受の特性を比較して示す.

4-2-4 すべり案内

すべり案内には,すべり軸受と同様に自己潤滑案内,境界・混合潤滑案内,流体潤滑案内(動圧形・静圧形)などの種類がある(**図 4-45**).動圧案内は,主として工作機械の案内面として使われてきたが,切削力のような大きな外力が作用しない測定器,光学機器などの送り案内やX-Yテーブルにも使われる.超精密切削加工機や半導体製造関連装置など,特に高い精度が要求される案内には静圧案内が使用される.自己潤滑案内や境界潤滑案内などは,OA機器などの低速・軽荷重の案内として使用さ

図 4-45 すべり案内[15]

れる.

参 考 文 献

1) 日本精工マニュアル「ベアリングの ABC」
2) NTN カタログ「自動調心ころ軸受」
3) NTN ホームページ「教えて!! ベアベア」第 44 回：保持器の仕事と種類
4) 日本精工カタログ「転がり軸受」
5) NTN カタログと日本精工カタログより作成
6) NTN カタログ「転がり軸受総合カタログ」
7) 日本精工マニュアル「New Bearing Doctor」
8) 石原康正：機械要素設計法, 図 6.35, 養賢堂, p.188.
9) Koyo 転がり軸受総合カタログ
10) IKO 直動シリーズ総合カタログ
11) THK ホームページ・テクニカルサポート・技術情報・使用例
12) IKO 直動シリーズ総合カタログと THK 直動システム総合カタログより作成
13) 大同メタル工業（株）：ドライベアリングシリーズ総合カタログ
14) 潤滑油協会 HP：http://www.jalos.jp/jalos/qa/articles/012-S42.htm
15) オイレス工業（株）：オイレスベアリング総合カタログ
16) NTN 含油軸受ハンドブック
17) 大同メタル工業（株）：http://www.daidometal.com/technology/basic-05.html
18) 日本電産（株）：http://www.nidec.com/ja-JP/technology/capability/fdb/
19) 水本　洋：「静圧軸受のおもしろさ」, 精密工学会誌, 73, 5 (2007) p.537.
20) 森　早苗：すべり軸受と潤滑幸書房 (1975) p.11.
21) 機械工学便覧 応用編 B1「機械要素設計・トライボロジー」, 日本機械学会 (1997) p.130.
22) 吉本成香：初めての機械要素, 森北出版 (2011) p.128.

第5章 動力伝達要素

5-1 歯　　車

 5-1-1　歯車の用途
 5-1-2　歯車の種類
 5-1-3　歯形に関する用語
 5-1-4　歯車歯形
 5-1-5　インボリュート歯車
 5-1-6　転位歯車
 5-1-7　歯車の精度
 5-1-8　歯車の強度
 5-1-9　はすば歯車
 5-1-10　歯車伝動装置

5-2　ベルト・チェーン

 5-2-1　ベルト
 5-2-2　チェーン

第5章 動力伝達要素

　動力伝達要素は，単に回転を伝えるだけではなく，回転速度を変えたり，回転力（トルク）を変換したりする役割をもつ機械要素である．本章では，歯車伝動装置，巻掛け伝動装置，摩擦伝動装置について述べる．**表** 5-1 に，動力伝達要素の種類と，それぞれの長所・短所を示す．

表 5-1 動力伝達要素の種類

種類	構造	長所	短所
歯車		・一定の速比を確実に伝達できる ・低速から高速まで対応可能 ・小荷重から大荷重，変動荷重など種々の荷重に対応可能	・振動，騒音がある ・製作に専用の機械が必要で，高価になる
巻掛け伝動 (摩擦利用： 平ベルト， Vベルト)		・シンプルな構造で離れた軸間を動力伝達できる ・潤滑を必要としない ・規格化されていて，安価である ・静粛で振動小，振動を吸収する	・すべりを生じるので，正確な速比を伝達できない ・取付けにある程度の空間を必要とする ・寿命が短い ・速度制限がある
巻掛け伝動 (歯のかみ合い利用： 歯付きベルト，チェーン)		・歯のかみ合いにより，スリップがない ・歯付きベルトは，軽量，コンパクトで，潤滑不要である	・チェーンは，騒音があり，潤滑を必要とする ・歯付きベルトは，プーリの重量が大きい ・急加減速に対応できない
摩擦伝動 (無段変速装置)		・運転が静かで，起動停止がなめらかである ・速比を連続的に変化させられる ・負荷が大きい場合，すべりを生じるので過大な負荷を伝達しない	・すべりを生じるので，正確な速比を伝達できない ・摩擦車の接触部の寿命が問題となる ・各部品に高い形状精度が要求される

5-1 歯　　車

　歯車の起源は明確ではないが，記録に現れるのはギリシアのアリストテレス（Aristoteles：BC 384～322 年）の著書「機械の問題」の中であるといわれている．また，アルキメデス（Archiedes：BC 287～212 年）は，図 5-1 に示すウォームギヤと平歯車を組み合わせて，5 段階の減速をして 200 倍の力が出せる巻揚機をつくったとの記録がある．

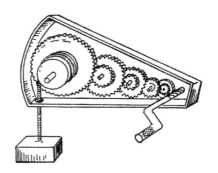

図 5-1　歯車式巻揚げ機

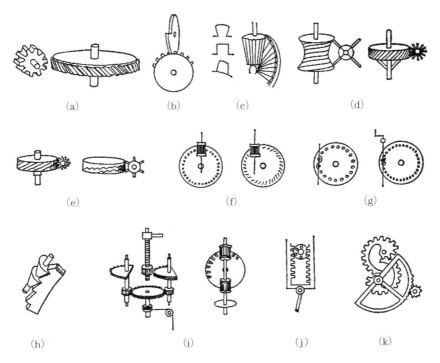

図 5-2　レオナルド・ダ・ヴィンチのスケッチにある各種歯車

さて,現在使われているほとんどの種類の歯車を,15世紀の後半にレオナルド・ダ・ヴィンチ(Leonardo da Vinci:1452〜1519年)は,図5-2に示すように,手稿(スケッチ)の中に描いて残していた.歯車の体系が,そのころ既に考えられていたことは驚きである.

5-1-1 歯車の用途

(1) 動力伝達

モータなどの原動機の動力を機械装置に確実に伝達するために,歯車が用いられる.必要とする回転力,回転速度が得られるように,歯車を組み合わせて使用する.図5-3に,組立て中の減速機の例を示す.

(2) 回転角度伝達

主に正確な回転角度,あるいは回転速度を伝達することを目的とする使い方である.例えば,時計に使われている歯車は,回転させるための力は時・分・秒の針が動けばよいだけであるが,いかに正確に回転角を伝えられるかが問われることになる.図5-4に,時計に使われている歯車の例を示す.

図5-3 大型減速機[1)]

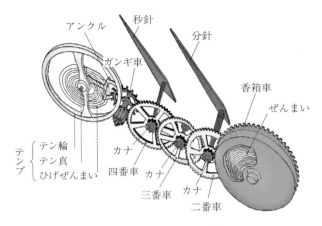

図 5-4　時計歯車の例[2)]

(3) 回転比変換

モータなどの原動機の回転数と使用装置の必要回転数が合わない場合は，減速機あるいは増速機を間に入れて運転することになる．必要とする回転力が合わない場合も，同様に減速機を用いる．図 5-5 に，風車の回転を増速機で増速して発電する例を示す．

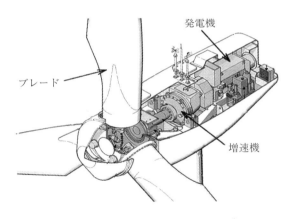

図 5-5　風車に使われる増速機の例[3)]

(4) 方向と運動の変換

図 5-6 に示すように，回転動力を伝達する軸の方向を直角に変換したり，任意の方向に伝達することができる．また，2 個 1 組の歯車のかみ合いでは回転方向が逆になるので，その間にもう 1 個の歯車をかみ合わせて回転方向を調整することも行われる．

図 5-7 は，回転運動を直線運動に変換する例を示す．これとは逆に，直線運

図 5-6　かさ歯車[4]

動を回転運動に変換する場合もある.

5-1-2　歯車の種類

一対の歯車で，歯数の多いものを大歯車，あるいはギヤ（gear），歯数の少ないものを小歯車，あるいはピニオン（pinion）と呼ぶ.

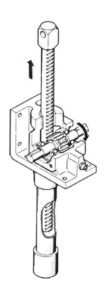

図 5-7　ラックジャッキ[5]

歯車は，一般的にかみ合っている歯車の回転軸の相対的な位置によって**表 5-2**のように分類される.

（1）平行軸歯車

円筒の表面，あるいは内側に歯を付けたもので，円筒歯車と呼んでいる.

① 平歯車

表5-2 (a) に示すように，歯すじが軸に平行である円筒歯車で，最も一般的に使われている基本的な歯車である.

② はすば歯車

表5-2 (b) に示すように，歯すじがつる巻線状にねじれた円筒歯車で，振動・騒音を低減できるが，軸方向の力が生じる.

③ やまば歯車

表5-2 (c) に示すように，ねじれの方向が反対なはすば歯車を組み合わせたもので，軸方向の力を打ち消し合うようにした歯車である.

④ 内歯車

表5-2 (d) に示すように，円筒の内側に歯を付けた歯車で，小歯車とかみ合

表 5-2 歯車の種類

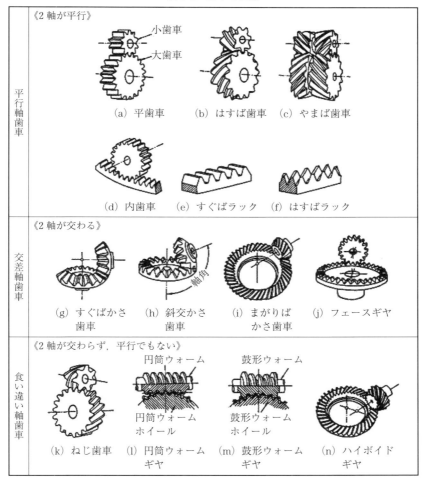

わせると，回転方向が同じになる．

⑤ ラック

表 5-2 (e), (f) に示すように，円筒歯車のピッチ円筒の半径が無限大になったものをラック (rack) といい，かみ合う歯車をピニオンという．ラックは直線運動を行い，すぐばとはすばの 2 種類がある．

（2）交差軸歯車

円すい面に歯を付けたもので，その形からかさ歯車（ベベルギヤ：bevel gear）という．特に，2軸が直交し，歯数が等しい一対のかさ歯車をマイタ歯車（マイタギヤ：miter gear）と呼ぶ．

① すぐばかさ歯車

表5-2(g)に示すように，歯すじが円すいの頂点に向かって真っ直ぐになっているかさ歯車である．

② 斜交かさ歯車

表5-2(h)に示すように，2軸の交差角が90°ではないかさ歯車である．

③ まがりばかさ歯車

表5-2(i)に示すように，歯すじが円弧などの曲線になっているかさ歯車で，なめらかな伝動に適する．

④ フェースギヤ

表5-2(j)に示すように，円板状の歯車とそれにかみ合う小歯車からなり，円板状の歯車をフェースギヤ（fece gear）という．

（3）食い違い軸歯車

2軸が交わらず，かつ平行でもない軸の組み合せを食い違い軸といい，この2軸間に運動を伝達する歯車を食い違い軸歯車と呼ぶ．

① ねじ歯車

表5-2(k)に示すように，ねじれ角の異なるはすば歯車をかみ合わせた歯車対である．

② ウォームギヤ

表5-2(l)，(m)に示すように，ウォームギヤは，ウォーム（worm）とウォームホイール（worm wheel）を組み合わせたものであり，大きな減速比を得ることができる．ウォームには，円筒ウォームと外形が鼓形の鼓形ウォームがある．

③ ハイポイドギヤ

表5-2(n)に示すように，まがりばかさ歯車の軸をずらし，食い違い軸間の運動伝達に使えるようにした歯車で，自動車のディファレンシャルギヤとして使用される．

5-1-3 歯形に関する用語

歯車の歯と歯がかみ合う面を歯面といい，歯面の断面を歯形と呼ぶ．**図 5-8** は，かみ合っている歯車の断面を示している．かみ合っている歯の接触点で歯形に立てた法線が回転中心を結ぶ線と交わる点をピッチ点，ピッチ点を通る円をピッチ円（基準円）という．歯先を通る円を歯先円，歯底を通る円を歯底円という．ピッチ円から歯先側の歯面を歯末の面，ピッチ円から歯底側の面を歯元の面，ピッチ円半径と歯先円半径の差を歯末のたけ（アデンダム：addendum），ピッチ円半径と歯底円半径の差を歯元のたけ（デデンダム：dedendum），そして歯末のたけと歯元のたけの和を全歯たけと呼ぶ．また，かみ合う相手の歯車の歯先と歯底の間のすきまを頂げきという．

ピッチ円上で測る歯と歯の間隔を円ピッチ，または単にピッチという．また，ピッチ円上で測った歯の厚さを歯厚，歯と歯のすきまの長さを歯溝の幅と呼ぶ．1対の歯車をかみ合わせたときの歯面間の遊びをバックラッシ（backlash）という．

さて，互いにかみ合う歯車は，円ピッチが等しくなければならない．ピッチ円の直径を d，歯数を z とすると，円ピッチ p は

$$p = \frac{\pi d}{z} \tag{5.1}$$

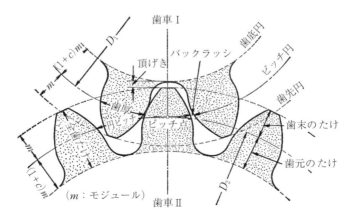

図 5-8 歯形に関する用語

表 5-3 モジュールの標準値
(単位：mm)
(JIS B 1702-2)

I	II
1	
1.25	1.125
1.5	1.375
2	1.75
2.5	2.25
3	2.75
4	3.5
5	4.5
6	5.5
	(6.5)
8	7
10	9
12	11
16	14
20	18
25	22
32	28
40	36
50	45

で表される．この値は，π が入っているため無理数となり，小数点以下適当な位で止めて扱うことになる．そこで，式 (5.1) から π を取り除き m とする．

$$m = \frac{d}{z} \tag{5.2}$$

この m をモジュール (module) と名づけ，単位は mm となる．円ピッチ πm が等しければ，モジュールも等しいので，モジュールが等しい歯車は互いにかみ合わせることができることになる．

歯車の寸法は，モジュールを基準として表される．特に，歯の大きさを表すパラメータとして用いられる．標準歯車の場合，歯末のたけを m に等しくとる．したがって，モジュールの値を規格で標準化することが求められた．

表 5-3 に，JIS に規定されたモジュールの標準値を示す．I 系列のモジュールを優先的に使用することが望ましい．1mm 未満のモジュールについては ISO 規格に規定されていないため，JIS の附属書に規定されている．

一対の歯車のピッチ円直径を d_1, d_2, 歯数を z_1, z_2 とすれば

$$d_1 = z_1 m, \quad d_2 = z_2 m \tag{5.3}$$

となる．中心距離を a とすれば

$$a = \frac{d_1 + d_2}{2} = \frac{z_1 + z_2}{2} m \tag{5.4}$$

と表される．

標準歯車の歯先円直径を d_{a1}, d_{a2} とすれば

$$d_{a1} = (z_1 + 2)m, \quad d_{a2} = (z_2 + 2)m \tag{5.5}$$

となる．

5-1-4 歯車歯形

歯車は円筒の外周にギザギザの歯を付けたものであるが，1枚1枚の歯の形状が機構学的歯形条件を満たさないと，歯車として成立しないことになる．機構学的歯形条件を満足した歯車は，歯と歯のかみ合いにより回転を伝達するが，**図 5-9** に示すような，あたかもピッチ円と同じ径の円筒が，すべることなく回転を伝えるのと同じ働きをすることができる．これは，一定の角速度比で回転を伝えるための条件である．

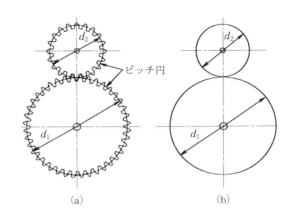

図 5-9　歯車のかみ合い原理

《機構学的歯形条件（カミュの定理）（図 5-10）》

一対の歯車がかみ合っているとき，二つの歯形（F_1, F_2）のかみ合い点 Q における共通法線はピッチ点 P を通る．

この機構学的歯形条件を満足する歯形曲線には，インボリュート曲線，サイクロイド曲線，円弧など多数の曲線があるが，最も利点の多い曲線としては，インボリュート曲線が挙げられる．

そこで，次項では歯形曲線としてインボリュート曲線を採用したインボリュート歯車について述べる．

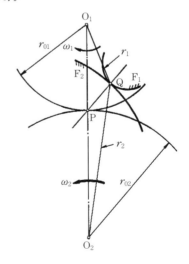

図 5-10　機構学的歯形条件

5-1-5 インボリュート歯車

(1) インボリュート曲線

円に糸を巻き付け，これを弛まないように引っ張りながら円からほどいていくとき，糸の上の1点の描く軌跡をこの円のインボリュート (involute) 曲線という．または，真っ直ぐな棒を円の上にすべらないように転がすとき，棒の上の1点が描く軌跡もインボリュート曲線になる．**図 5-11** に示すように，歯車の場合，巻き付ける円を基礎円と呼ぶ．

図 5-12(a)は，インボリュート歯車のかみ合いの状態を示している．半径 r_{g1} の基礎円と半径 r_{g2} の基礎円の接線が O_1O_2 と交わる点がピッチ点となる．半径 r_{01}，半径 r_{02} はピッチ円半径，α_b は圧力角を示す．これらより次の関係が成り立つ．

$$\left. \begin{array}{l} r_{g1} = r_{01} \cos\alpha_b, \quad r_{g2} = r_{02} \cos\alpha_b, \quad r_{01} = \dfrac{r_{g1}}{\cos\alpha_b}, \quad r_{02} = \dfrac{r_{g2}}{\cos\alpha_b} \\[2mm] a = r_{01} + r_{02} = \dfrac{(r_{g1} + r_{g2})}{\cos\alpha_b}, \quad \cos\alpha_b = \dfrac{(r_{g1} + r_{g2})}{a} \end{array} \right\}$$

(5.6)

歯と歯のかみ合い点（接触点）は，基礎円と基礎円の接線（作用線という）上を移動する．ピッチ点は，中心距離を角速度の逆比に内分する点でもある．速度伝達比 i は次式から求められる．

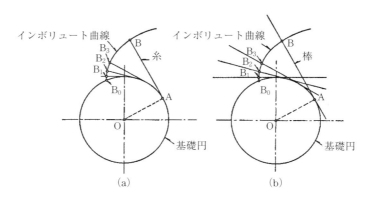

図 5-11　インボリュート曲線

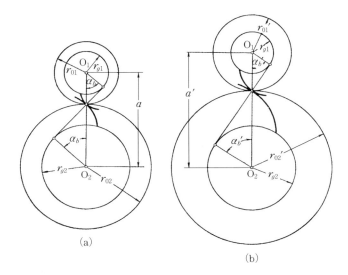

図 5-12 インボリュート歯形の接触

$$i = \frac{\omega_1}{\omega_2} = \frac{r_{02}}{r_{01}} = \frac{z_2 m}{z_1 m} = \frac{z_2}{z_1} \tag{5.7}$$

(2) 中心距離の変化

図 5-12 (b) は，中心距離が a から a' に変化したときのかみ合い状態を表している．基礎円の大きさは変化しないが，ピッチ点の位置が動くので，ピッチ円の大きさも変化することになる．このピッチ円をかみ合いピッチ円と呼ぶ．圧力角 α_b も α_b' に変化し，かみ合い圧力角という．

速度伝達比 i は

$$r_{g1} = r_{01}' \cos \alpha_b', \quad r_{g2} = r_{02}' \cos \alpha_b'$$

$$i = \frac{\omega_1}{\omega_2} = \frac{r_{02}'}{r_{01}'} = \frac{r_{g2}}{r_{g1}} = \frac{r_{02}}{r_{01}} = \frac{z_2}{z_1} \tag{5.8}$$

となり，中心距離が変化する前と変わらないことがわかる．これは，インボリュート歯車の大きな特徴である．

(3) 基準ラック

ピッチ円が無限大になった状態の歯車をラック (rack) と呼ぶ．インボリュ

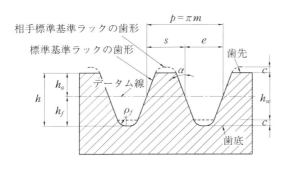

記号	寸法	用語
m		モジュール
p		ピッチ
a	$20°$	圧力角
h_a	$1.00\,m$	歯末のたけ
h_f	$1.25\,m$	歯元のたけ
h	$2.25\,m$	歯たけ
h_w	$2.00\,m$	かみ合い歯たけ
c	$0.25\,m$	頂げき
ρ_f	$0.38\,m$	歯底すみ肉半径
s	$0.5\,p$	歯溝の幅
e	$0.5\,p$	歯厚

標準基準ラックの寸法

図 5-13 インボリュート歯車の標準基準ラック歯形

ート歯車のラック歯形は，直線となるのが特徴である．

歯車の歯形は，歯数，圧力角，モジュールにより形状が異なることと，歯たけなども自由に設計できるため，統一した基準がないと互換性が保てなくなってしまう．そこで，ラック歯形で規定の寸法を定め，これを基準ラックとして扱う．この基準ラックをもとにしてつくられた歯車同士は，同一モジュールであればどの歯車ともかみ合うことができる．

インボリュート歯車の場合は，標準基準ラック歯形として，JIS B 1701-1 に「歯数 $z=\infty$，直径 $d=\infty$ の外歯車に相当する基準ラックの歯直角断面形状」として規定されている．

基準ラック歯形の歯溝の幅と歯厚が等しくなる位置の線をデータム (datum) 線，あるいは基準ピッチ線と呼ぶ．図 5-13 に，インボリュート歯車の標準基準ラック歯形と寸法を示す．

（4）創成歯切り

互いにかみ合う一対の歯車の歯形は，一方の歯形が決まれば，他方の歯形は一方の歯形の包絡線として与えられ，必然的に決まることになる．したがって，一方の歯形をカッタ（歯切り工具）にすることにより，相手の歯車を製作することができる．このように，一方の歯形の包絡線として相手の歯車形状を求める方法を創成法といい，この方法で歯車の歯切りをすることを創成歯切りと呼ぶ．図 5-14 に，ラックによる歯形創成の例を示す．

① **ラックカッタによる創成歯切り**

ラックカッタは，形状が単純であるため製作が容易である．これを歯車形削り盤に取り付け，軸方向の往復切削運動を与えると同時に，歯車材とともにかみ合い運動を行わせて歯車を創成する．ラックカッタによる歯切りは，現在，ホブ切りあるいはピニオンカッタ

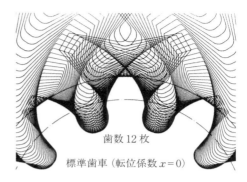

図 5-14 ラックによる歯形創成

による歯切りに替わり，大型歯車，大モジュール歯車の歯切り加工法として一部の大型歯車メーカーにおいて適用されている．

② **ピニオンカッタによる創成歯切り**

ピニオンカッタは，歯車の形をした工具である．これをギヤシェーパ (gear shaper) に取り付けて，軸方向に往復切削運動を与えると同時に，歯車材とともに理想的にかみ合うような回転送りおよび歯車材との相対的な切込みを与えて歯車を創成する．軸付き歯車で，2 段になっている場合などに使用される．

③ **ホブによる創成歯切り**

ホブ (hob) は，軸断面がラックカッタ状であり，ラックカッタをねじ状に

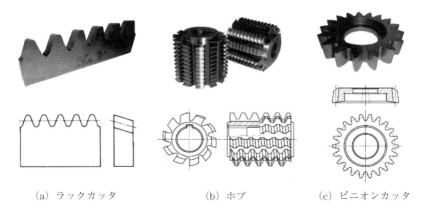

(a) ラックカッタ　　(b) ホブ　　(c) ピニオンカッタ

図 5-15 創成歯切り工具 (JIS B 0174 歯切り工具用語)

巻き付けたものである（図 5-15）．これを軸のまわりに回転させることによって並進するラック歯形を創り出すことができる．ホブ盤にホブを取り付け，ホブが1回転する間に歯車材が1歯分回転するようにセットする．ホブは，同じ位置で高速回転させておき，歯車材に歯たけ分を切り込み，歯車材が1周すれば歯形が創成されるので，ホブを歯幅の端から端にゆっくり送ることによって，歯車が完成する．高精度の歯車を高能率で加工することができるので，歯切り加工で最も多く用いられている．

（5）干渉・切下げ

歯数の少ない歯車が，歯数の多い歯車，あるいはラックとかみ合うとき，図 5-16 に示すように，小歯車の歯元と大歯車の歯先が接触し，正常な回転が得られなくなる．このような現象を干渉と呼ぶ．大歯車側，あるいはラックがカッタであれば，小歯車の歯元はえぐり取られることとなる．図 5-17 に，ラックカッタの歯先によって切り取られる部分を拡大して示す．この現象を切下げ（アンダーカット：undercut）という．切下げのある歯車は，歯の曲げ強度が低下し，大きな動力を伝達できなくなる．

切下げは，歯数が少ない場合に起きる現象なので，限界の歯数を求める．次式は，切下げを起こさない限界の歯数 z を求める式である．

$$z \geq \frac{2h}{m\sin^2\alpha} \tag{5.9}$$

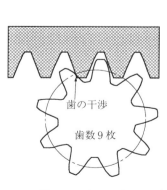

図 5-16 歯の干渉

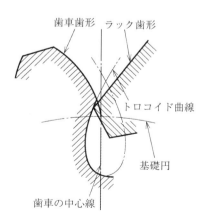

図 5-17 歯の切下げ

表 5-4 切下げの起きない最小歯車

圧力角 α	14.5°	15°	17.5°	20°	22.5°	25°	27°	30°
最小歯数	32	30	23	18	14	12	10	8

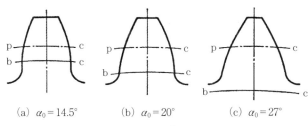

(a) $\alpha_0 = 14.5°$　(b) $\alpha_0 = 20°$　(c) $\alpha_0 = 27°$

$\widehat{pc}$：基準ピッチ円，$\widehat{bc}$：基礎円

図 5-18　圧力角と歯形との関係（歯数 $z=30$）[6]

ここで，h はラックカッタの歯末のたけ，α はラックカッタの圧力角である．

表 5-4 に，各圧力角に対する切下げの起きない最小歯数の計算結果を示す．歯末のたけ h は，ラックの直線歯形部の先端の高さで，標準歯形では $h=m$ となる．圧力角が大きくなると，最小歯数が小さくなることがわかる．**図 5-18** に，3種類の圧力角のときの歯形形状を示す．

（4）項で示した図 5-14 は歯数 12 枚，圧力角 $\alpha=20°$ の場合の創成図で，切下げが起きているのがわかる．

5-1-6　転位歯車

切下げを避ける方法として，歯数を切下げの起きない最小歯数以上にする方法だけでは，それ以下の歯数の歯車が必要なときに困ってしまう．そこで，別の方法として転位という方法がある．

図 5-19 のように，歯車の基準ピッチ円をラックのデータム線（基準ピッチ線）からずらして創成した歯車を転位歯車という．ずらすことを転位といい，その量をモジュールを用いて xm で表す．この x を転位係数と呼ぶ．

歯数 12 枚の標準歯車では，歯元に切下げが発生してしまうが，図 5-19 (b) に示すように，基準ピッチ円よりデータム線を離して歯切りをすると，歯元が

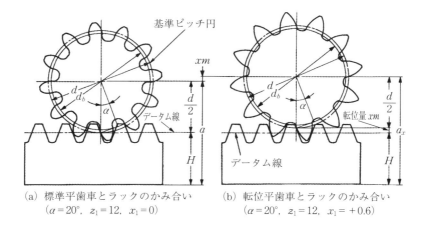

(a) 標準平歯車とラックのかみ合い
   ($\alpha = 20°$, $z_1 = 12$, $x_1 = 0$)

(b) 転位平歯車とラックのかみ合い
   ($\alpha = 20°$, $z_1 = 12$, $x_1 = +0.6$)

図 5-19　歯車の転位[7]

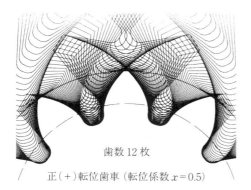

図 5-20　転位歯車の創成

削られることなく，歯厚も厚くできることがわかる．このように，ラックのデータム線を歯車中心から遠避ける場合を正（＋：プラス）転位，近づける場合を負（－：マイナス）転位という．

図 5-20 に，歯数 12 枚，圧力角 $\alpha = 20°$，転位係数 $x = 0.5$ の場合の基準ラックによる創成図を示す．歯元の切下げは避けられているが，歯先が細くなっていることに気づく．このように，正転位を大きくしすぎると，歯先がとがる現象が現れる．この限界をとがり限界という．

　転位係数を選ぶとき，切下げ限界と歯先のとがり限界の両方に注意して選ばなければならない．そこで，それらを考慮した転位係数の推奨範囲を日本歯車工業会が ISO 規格に準拠して 図 5-21 のように制定した（JGMA 611-01）．

　歯車の転位は，切下げを避けるためだけではなく，中心距離の変更や，かみ合い率，すべり率の変更，歯の強さの向上などのためにも行われる．

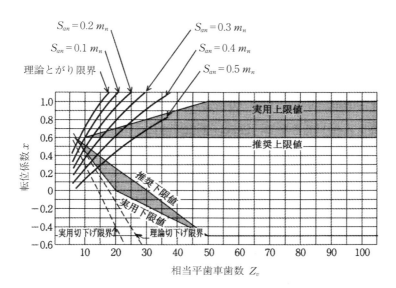

図 5-21 転位係数の選び方（歯直角歯先厚 S_{an} と転位係数との関係）[8]

【転位の目的】

・切下げの防止

・中心距離の調整

・歯の強さの調整（歯厚を変更）

・かみ合い率，すべり速度，すべり率などの調整

・バックラッシの調整

5-1-7　歯車の精度

　歯車の製作精度は，歯車の負荷容量や運転時の振動騒音といった性能に対して極めて大きな影響を与える重要事項である．しかし，高精度の歯車をつくるのは容易でないこともあって，歯車の精度等級を製作の難易度に関わる歯車直径とモジュールとの関数として示し，精度の良し悪しの判断基準として用いている．JISの歯車精度規格は，ISOに準拠して13等級（0～12級）に拡大されて，国際的整合が図られた．歯車単体について，歯車の性能に大きく関わるピッチ誤差，歯形誤差，歯すじ誤差のほか，製作工程の状態を把握するうえで参

考になる歯溝の振れなどの個別誤差の規定が下記のJIS第1部に記されている．第2部には，歯車対のかみ合い誤差についての規定が示されている．

JIS B 1702-1　円筒歯車—精度等級　第1部：歯車の歯面に関する誤差の定義及び許容値

JIS B 1702-2　円筒歯車—精度等級　第2部：両歯面かみ合い誤差及び歯溝の振れの定義並びに精度許容値

（1）歯形誤差

図5-22に示すように，実際の歯形は理想とするインボリュート曲線から多少の誤差を生じていて，この誤差を歯形誤差という．インボリュート曲線を基準として，これに垂直な方向に測って，＋側誤差および－側誤差の和を歯形誤差とする．歯形検査範囲は，原則として相手歯車とかみ合う歯形曲線の範囲となる．

歯形誤差には，圧力角誤差と表面の凹凸誤差が含まれている．

（2）ピッチ誤差

歯車の歯は，ピッチ円上に等間隔に配置されていなければならないが，実際には，加工誤差のため等間隔にはなっていない．図5-23に示すように，実際の歯車のほぼ歯たけ中央付近で測ったピッチと，理論ピッチ P_t との差を単一ピッチ誤差 f_{pf} という．また，

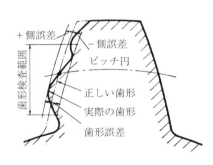

図5-22　歯形誤差

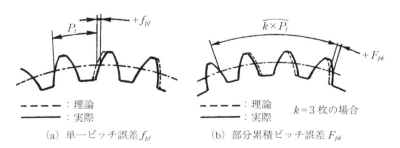

(a) 単一ピッチ誤差 f_{pf}　　(b) 部分累積ピッチ誤差 F_{pk}

図5-23　累積ピッチ誤差（P_t：円ピッチ）

2ピッチ以上離れた歯の間の単一ピッチ誤差の和を部分累積ピッチ誤差 F_{pk} といい，全歯面領域での最大累積ピッチ誤差を累積ピッチ誤差と呼ぶ．

ピッチ誤差は，歯車の振動，騒音の原因になるので，注意が必要である．

（3）歯すじ誤差

決められた歯すじ検査範囲で，実歯すじと設計歯すじ間の距離を歯すじ誤差という．図 5-24 に，歯すじ誤差の概略を示す．

この歯すじ誤差は，歯当たりに影響し，この誤差が大きいと歯幅端部に歯当たりが集中する悪い歯当たりとなる．このような歯当たりを避けるためには，クラウニングとかエンドレリーフなどの歯すじ方向の修整を行う．

（4）歯溝の振れ

歯溝の振れの値は，図 5-25 に示すように，歯車の全歯溝に測定子（玉，ピンなど）を順次挿入し，測定子半径方向位置の最大値と最小値との差で表す．測定子は，両歯面の歯たけの中央付近で接触するようにする必要がある．

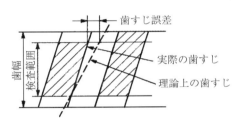

図 5-24　歯すじ誤差

この歯溝の振れは，歯車の騒音などに悪い影響を与えるもので，歯車加工または研削するときの取付け具の振れがそれに大きく影響する．最近では機械の精度が向上しているので，歯溝の振れを小さくするには，精度の良い取付け具を使って歯車を加工することが求められる．

（5）かみ合い誤差

かみ合い誤差には，両歯面かみ合い誤差と片歯面かみ合い誤差の2種類がある．

① 両歯面全かみ合い誤差

両歯面全かみ合い誤差とは，親歯車（マスターギヤ）と被測定歯車をバックラッシ0でかみ合わせて回転し，測定歯車1回転

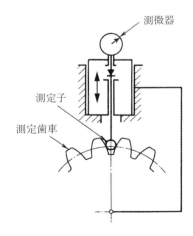

図 5-25　歯溝の振れ測定

中に発生する中心距離の最大値と最小値の差をいう．

図 5-26 に，両歯面かみ合い誤差測定の原理を示す．試験機の構造が簡単で，取扱いも容易であるので，製造現場で多く用いられている．この誤差測定により，偏心誤差，バックラッシの変動量，そのほか歯車の諸誤差の総合された結果が得られるが，実際のかみ合い状態のかみ合い誤差は得られない．

② 片歯面かみ合い誤差

片歯面かみ合い誤差とは，歯車を一定の中心距離でかみ合わせたときの角度伝達誤差をかみ合いピッチ円上の変位に変換したものである．図 5-27 に，片歯面かみ合い試験機の原理を示す．

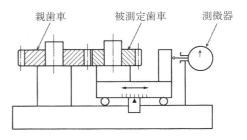

図 5-26　両歯面かみ合い誤差測定

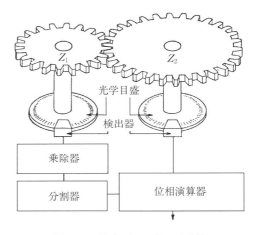

図 5-27　片歯面かみ合い試験機

この片歯面かみ合い誤差は，実際のかみ合い状態の歯車の回転むらと密接に関連した誤差であり，重要なものである．しかし，これを測定する試験機が少ないのが現状である．

5-1-8　歯車の強度

歯車の歯が折損したり，歯面損傷が起きたりして正常な運転ができなくなると，その影響は多方面に及び，大きな損失が発生することになる．したがって，歯車の強度について，設計においても，製作においても，運用においても，十分な配慮が必要である．

歯車の強度計算においては，曲げ強さと歯面強さの両面から検討することが

必要である.このほか,高速回転,高負荷など厳しい条件下での歯車は,潤滑油膜破断によって生じるスコーリング強さについても検討することがある.スコーリング (scoring) とは,互いにかみ合う歯面間の油膜が切れ,歯面同士が直接接触し,表面が融着しては再び引きはがされるために生じる損傷である.ここでは,曲げ強さと歯面強さについて述べる.

(1) 歯車の曲げ強さ

歯の曲げ強さは,歯を片持ちはりと置き換えて検討される.しかし,歯車の歯は単純な形状のはりでないため,最も曲げ応力が大きくなる断面(危険断面あるいは最弱断面と呼ぶ)がどこになるか,また同時に複数の歯がかみ合うときの各歯の荷重分担がわからないため,最も危険な負荷位置(最悪荷重点という)がどこになるかが簡単には決められない問題がある.

危険断面に対する最初の考え方は,ルイス (W. Lewis: 1854~1929 年) が提唱した内接放物線法である.これは,平等強さのはりが放物線形状をもつことに着目し,図 5-28 (a) に示すように,歯形輪郭に内接する最大の平等強さのはりを想定し,歯車の歯の強さはこの平等強さのはりと同等か,それより強いと考えることができることを示した.そして,内接点の位置を最弱断面とした.

しかしながら,この内接放物線を求める計算は複雑であるため,より簡便に危険断面を求める方法として,ホーファー (H. Hofer) が図 5-28 (b) に示す 30°接線法を提唱した.内接放物線法による危険断面位置と,30°接線法による危険断面位置は,実験結果などから事実上大差がないことが明らかにされている.

危険断面における最大曲げ応力 σ_B は,歯幅を b とすると

$$\sigma_B = \frac{6 h_F F_N \cos\omega}{s_F^2 b} \tag{5.10}$$

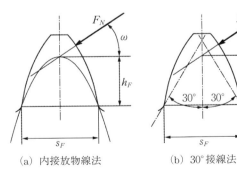

(a) 内接放物線法　　(b) 30°接線法

図 5-28 危険断面の求め方

となる．ピッチ円上の接線力 F_t は，$F_t = F_N \cos\alpha$ であるので，上式は

$$\sigma_B = \frac{6 h_F F_t \cos\omega}{s_F{}^2 b \cos\alpha} = \frac{F_t}{bm} Y_F \tag{5.11}$$

と置くことができる．ここで，Y_F は歯形係数と呼ばれ，次式で与えられる．

$$Y_F = \frac{6 h_F m \cos\omega}{s_F{}^2 \cos\alpha} \tag{5.12}$$

歯形係数 Y_F は，歯形形状だけで決まる値であるので，便覧や JGMA 規格に掲載されている図表から求めることができる．

最大曲げ応力 σ_B は，歯車材料の許容曲げ応力 $\sigma_{F\lim}$ 以下になるようにしなければならない．なお，最大曲げ応力 σ_B は，歯車の誤差や負荷の変動などによって変化するので，各種の係数が用意されている．

以下に，JGMA の式を示す．

$$\sigma_B = \frac{F_t}{bm} Y_F Y_\varepsilon Y_\beta K_V K_o S_F \leqq \sigma_{F\lim} \tag{5.13}$$

ここで，Y_ε は荷重配分係数（2 対かみ合い領域での荷重分担を考慮した係数），Y_β はねじれ角係数（ねじれ角 $\beta > 30°$ の場合，$Y_\beta = 0.75$），K_V は動荷重係数，K_o は過負荷係数，S_F は安全率である（JGMA 401-01 参照）．

（2）歯車の歯面強さ

インボリュート平歯車の歯面は線接触し，そこで生じる接触応力がある許容限度を超えて繰り返し作用すると，歯面にピッチング（pitting），スポーリング（spalling），マイクロピッチング（micro-pitting, frosting）といった疲労損傷が発生する（**図 5-29**，**図 5-30**）．

こうした損傷域が広がり，振動や騒音の発生，あるいは動荷重の増加による歯の折損などを引き起こし，歯車装置としての機能が損なわれるようになる．

歯面強さの目安として，初期においては，K 値（K factor）がしばしば用いられる．

$$K = \frac{F_t}{b d_1} \frac{i \pm 1}{i} \tag{5.14}$$

図 5-29 ピッチング

ここで，F_t は基準ピッチ円上の接線力，b は歯幅，d_1 は小歯車の基準ピッチ円直径，i は歯数比 $i=z_2/z_1$，符号＋は外歯車，－は内歯車である．

式 (5.14) から求められる K 値と許容 K 値を比較し，強度を評価する．許容 K 値は，便覧や歯車製造販売会社（KHK, KG など）の技術資料から知ることができる．

より詳細な検討が必要な場合の指標値としては，2円筒の接触についてのヘルツ（H. R. Hertz：1857～1894 年）応力 σ_H が用いられることが多い．図 5-31 (a) に示す2円筒の接触応力は，ヘルツの弾性接触論から式 (5.15) で表される．

図 5-30 スポーリング

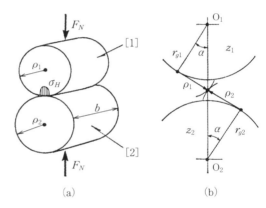

図 5-31 円筒の触と歯面の接触

$$\sigma_H = \sqrt{\frac{1}{\pi}\frac{F_N}{b}\frac{1/\rho_1 + 1/\rho_2}{(1-\nu_1^2)/E_1 + (1-\nu_2^2)/E_2}} \tag{5.15}$$

ここで，b は円筒の幅，E_1, E_2 は縦弾性係数，ν_1, ν_2 はポアソン比である．

図 5-31 (b) に示す歯面の接触をこの2円筒の接触に置き換えて，歯面強さの検討をすることができる．歯面の接触応力を検討する場合，歯車対のかみ合いの代表点としてピッチ点を用いることが多い．ピッチ点でのヘルツ応力は，$\rho_1 = d_1 \sin\alpha/2$，$\rho_2 = d_2 \sin\alpha/2$，$F_N = F_t/\cos\alpha$ の関係より

$$\left.\begin{aligned}\sigma_H &= \sqrt{\frac{F_t}{bd_1}\frac{i+1}{i}}\frac{2}{\sqrt{\sin 2\alpha}}\sqrt{\frac{1}{\pi}\frac{1}{(1-\nu_1^2)/E_1+(1-\nu_2^2)/E_2}}\\ &= \sqrt{K}\,Z_H Z_M\\ K &= \frac{F_t}{bd_1}\frac{i+1}{i},\quad Z_H = \frac{2}{\sqrt{\sin 2\alpha}}\\ Z_M &= \sqrt{\frac{1}{\pi}\frac{1}{(1-\nu_1^2)/E_1+(1-\nu_2^2)/E_2}}\end{aligned}\right\}$$
(5.16)

と表すことができる．K は式 (5.14) の K 値，Z_H は領域係数，Z_M は材料定数係数と呼ばれている．σ_H の2乗と K 値は比例関係にある．

歯車の各種要因の影響を考慮してJGMA規格では，次式を規定している．

$$\sigma_H = \sqrt{K}\,\frac{Z_H Z_M Z_\varepsilon Z_\beta}{K_{HL}Z_L Z_R Z_V Z_W K_{HX}}\sqrt{K_{H\beta}K_V K_o}\,S_H \tag{5.17}$$

$$\sigma_H \leqq \sigma_{H\mathrm{lim}} \tag{5.18}$$

ここで，Z_ε はかみ合い率係数，Z_β はねじれ角係数，K_{HL} は寿命係数，Z_L は潤滑油係数，Z_R は粗さ係数，Z_V は潤滑速度係数，Z_W は硬さ比係数，K_{HX} は寸法係数，$K_{H\beta}$ は歯すじ荷重分布係数，K_V は動荷重係数，K_o は過負荷係数，S_H は歯面強さに対する安全率動荷重係数，$\sigma_{H\mathrm{lim}}$ は許容ヘルツ応力を表す．これらの係数や許容ヘルツ応力については，JGMA 402-01 や歯車製造販売会社（KHK，KG など）の技術資料から知ることができる．

5-1-9　はすば歯車

はすば歯車（ヘリカルギヤ：helical gear）は，歯すじがつる巻線状である円筒歯車の一つである．図 5-32 に示すように，一見すると，平歯車の歯を斜めにしたもののように見えるが，図 5-33 に示すように，歯すじは円筒の外周につる巻線状になっている．はすば歯車の歯すじのねじれ方向は，歯すじを正面から見て，歯すじが右肩上がりのものを「右ねじれ」といい，逆に左肩上がりのものを「左ねじれ」と呼ぶ．基準円筒上の歯のつる巻線が軸方向となす角 β を基準円筒ねじれ角または単にねじれ角という．

図 5-34 で，はすば歯車の軸に直角な断面（正面）を軸直角断面といい，正面に対し，歯すじに直角な断面を歯直角断面という．はすば歯車の寸法表記法と

(a) 平歯車　　　　　(b) はすば歯車

図 5-32　平歯車とはすば歯車

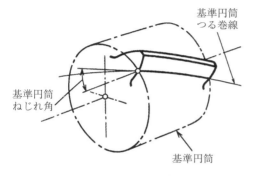

図 5-33　歯すじのつる巻線

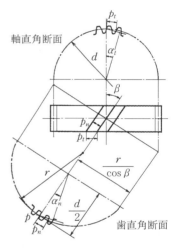

図 5-34　はすば歯車と相当平歯車

して，正面圧力角 α_t，正面モジュール m_t を基準とする軸直角方式と，歯直角圧力角 α_n，歯直角モジュール m_n を基準とする歯直角方式がある．

　はすば歯車は，平歯車と比較すると，歯当たりが斜めになり接触線が長くなるので，かみ合いがなめらかで，強度（面圧強度）に優れ，また音の静かな歯車である．したがって，高速回転に用いられることが多い．しかし，トルクが掛かるとスラスト（軸方向力）が発生するので，はすば歯車を使用した歯車装置においては，スラストを受ける軸受を設けるか，やまば歯車にして打ち消し合うように設計する必要がある．

　はすば歯車の軸に直角な面内（軸直角断面）で測ったピッチを正面ピッチ p_t

といい，歯すじに直角方向に測ったピッチを歯直角ピッチ p_n という．ねじれ角を β とすれば

$$p_n = p_t \cos\beta \tag{5.19}$$

となる．また，正面モジュール m_t と歯直角モジュール m_n との関係は

$$m_n = m_t \cos\beta \tag{5.20}$$

で表される．したがって，基準ピッチ円直径 d は，歯数を z とすると

$$d = m_t z = \frac{m_n z}{\cos\beta} \tag{5.21}$$

となる．

ピッチ円筒の歯直角断面は，だ円になる．このだ円の短軸の点における曲率半径を r とすれば

$$r = \frac{(長半径)^2}{短半径} = \frac{(d/2)^2/\cos^2\beta}{d/2} = \frac{d}{2\cos^2\beta} \tag{5.22}$$

である．はすば歯車は，この r をピッチ円半径とする平歯車と近似的に考えて相当平歯車といい，その歯数を相当平歯車歯数 z_v と呼ぶ．はすば歯車の歯の強度計算や転位計算に用いる．

$$z_v = \frac{2r}{m_n} = \frac{z}{\cos^3\beta} \tag{5.23}$$

正面圧力角 α_t と歯直角圧力角 α_n との関係は，次のようになる．

$$\tan\alpha_n = \cos\beta \tan\alpha_t \tag{5.24}$$

《例題》

歯数 30，歯直角モジュール 5 mm，歯直角圧力角 20° のはすば歯車がある．ピッチ円直径が 156 mm だとすると，ねじれ角はいくらか．また，相当平歯車歯数，正面圧力角を求めよ．

《解答》

正面モジュール　　$m_t = \dfrac{156}{30} = 5.2$

ねじれ角　　　　　$\cos\beta = \dfrac{m_n}{m_t} = \dfrac{5}{5.2} = 0.96154, \quad \beta = 15°57'$

相当平歯車歯数　　$z_v = \dfrac{30}{\cos^3 15°57'} = 33.75$

正面圧力角　　　　$\tan\alpha_t = \dfrac{\tan\alpha_n}{\cos\beta} = \dfrac{\tan 20°}{\cos 15°57'} = 0.37853, \quad \alpha_t = 20°44'$

5-1-10 歯車伝動装置

数個の歯車を順次かみ合わせて回転を伝えていく場合，歯車の組合せを歯車列という．歯車列は，中心固定の歯車列と遊星歯車列に大別される．

（1）中心固定の歯車列の速度伝達比

一対の歯車をかみ合わせた歯車列を1段歯車機構といい，1段歯車機構を2組使ったものを2段歯車機構という．

図 5-35 は 3 個の歯車のかみ合いであるが，歯車 2 は速度伝達比に影響しないので，1段歯車機構とみなされる．歯車 2 のことを遊び歯車（アイドルギヤ：idle gear）と呼ぶ．歯車 1 を駆動歯車，歯車 3 を被動歯車とした場合の速度伝達比は次式で与えられる．

$$i = \frac{z_2}{z_1}\frac{z_3}{z_2} = \frac{z_3}{z_1} \quad (5.25)$$

これより，歯車 1 と歯車 3 の間に遊び歯車がいくつあっても，速度伝達比に無関係であることがわかる．ただし，遊び歯車は被動歯車（歯車 3）の回転方向に関係する．遊び歯車の個数が奇数のときは，被動歯車の回転は駆動歯車と同方向となり，偶数のときは反対方向となる．

図 5-36 は，2段歯車機構を示す．歯車 2 と歯車 3 は同じ軸に取り付けられていることから，回転数（$n_2 = n_3$）は

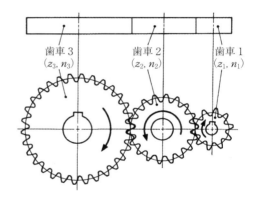

図 5-35 1段歯車機構[7]

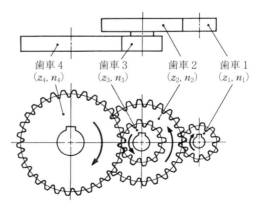

図 5-36 2段歯車機構[7]

同じになる．1段目の歯車1を駆動歯車とすると，この2段歯車機構の速度伝達比は，次式から求められる．

$$i = \frac{z_2}{z_1}\frac{z_4}{z_3} = \frac{z_2 z_4}{z_1 z_3} \tag{5.26}$$

(2) 遊星歯車列

図5-37に示すように，かみ合う1組の歯車の少なくとも一つの歯車の中心が固定されず，中心が固定された歯車のまわりを公転する歯車機構を遊星歯車機構という．中心の歯車を太陽歯車，公転する歯車を遊星歯車，遊星歯車の軸を支えるキャリア（carrier），さらにその外側に内歯車がある．

遊星歯車機構は，入力軸と出力軸を同一軸上に配置できるとか，2個以上の遊星歯車にて負荷を分担するので，装置をコンパクトに設計できるなどの特長がある．その反面，構造の複雑さ，内歯車の干渉の問題という難しい点もある．

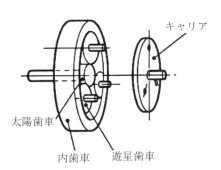

図5-37 遊星歯車機構[4]

遊星歯車列の種類は，他の要素と結合できる軸の種類より分類して，それぞれ2K-H形，3K形およびK-H-V形と呼ばれている組合せがある．ここで，Kは太陽歯車や内歯車，Hはキャリア，Vは遊星歯車の軸を，また数字はその個数を示す．

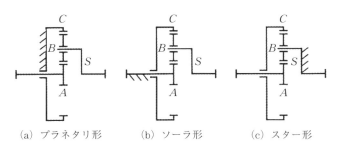

図5-38 遊星歯車の形式〔A：太陽歯車，B：遊星歯車，C：内歯車，S：キャリア（腕）〕

表 5-5　遊星歯車の形式と減速比 [4]

種類	固定要素	入力	出力	減速比の計算式	減速比の範囲
(a) プラネタリ形	内歯車	太陽歯車	キャリア	$\dfrac{1}{Z_C/Z_A+1}$	$1/3 \sim 1/12$
(b) ソーラ形	太陽歯車	内歯車	キャリア	$\dfrac{1}{Z_A/Z_C+1}$	$1/1.2 \sim 1/1.7$
(c) スター形	キャリア（腕）	太陽歯車	内歯車	$\dfrac{1}{-Z_C/Z_A}$	$1/2 \sim 1/11$

・Z は歯数を示し，添付の A, C はおのおの太陽歯車，内歯車を示す
・負記号は，入力回転と反対の出力回転方向を示す

図 5-38 は，2K-H 形の構成を示すもので，どの要素を固定するかによって，3 タイプに分類される．**表 5-5** に，それぞれの減速比の比較を示す．

遊星歯車列において，キャリアに回転を与えると同時に，太陽歯車にも回転を与えると，遊星歯車は両者の回転の影響を受ける．このように，太陽歯車，遊星歯車，キャリアの中の二つに回転を与えた場合，これを差動歯車列という．

5-2　ベルト・チェーン

離れた軸と軸に回転や動力を伝達できる機械要素として，巻掛け伝動要素がある．**図 5-39** に，巻掛け伝動で使われるベルト（belt）とプーリ（pulley）の種類と，チェーン（chain）とスプロケット（sprocket）を示す．

5-2-1　ベルト

平ベルト，Vベルト伝動は，プーリの面とベルトとの間に働く摩擦力によって伝達するので，摩擦力が大きいほど伝達力は大きくなる．しかし，過大な負荷が加わると，すべりが生じて伝動は不確実になるが，すべりによって機械の故障を避けられるので，一種の安全装置のような働きもする．歯付きベルトは，歯がかみ合うことで動力を伝達するので，平ベルトやVベルトに比べて，正確な速度を伝達することができる．

(a) 平ベルトと (b) V ベルトと (c) 歯付きベルトと
　　プーリ　　　　　プーリ　　　　　プーリ

(d) チェーンとスプロケット

図 5-39　巻掛け伝動で使用される機械要素の種類

（1）平ベルトとプーリ

平ベルトは，古くから使用されてきたゴム平ベルトの規格（JIS K 6321）が廃止され，現在はベルトメーカーにより寸法，機械的性質が独自に決められている．**表 5-6** に，平ベルトの用途例を示す．

平ベルト伝動の特徴は，次のようになる．

- ベルトの単位質量が小さいので，遠心張力が小さく高速運転に適する．
- ベルト厚さが薄いので，小プーリ径での使用ができ，屈曲損失が少なく伝動効率が高い．
- 一般に，両面で動力伝達（多軸伝動）ができる．
- V ベルトと比較し，ベルトがプーリに落ち込まないため，ピッチ線の変化が少なく，回転むらが少ない．
- フィルムコア平ベルトなどでは，ベルト幅，長さとも任意にできる．

表 5-6 平ベルトの用途例

一般産業機械	工作機械	木工機械	繊維機械	製紙機械	電機	その他の機械
各種ファン ブロア 各種ポンプ 圧縮機 粉砕機 コンプレッサ 撹拌機 遠心分離機 各種プレス 圧延機	旋盤 自動旋盤 フライス盤 グラインダ 各種研磨盤 スロッタ プレーナ ホブ盤 ボール盤 ボーリングマシン シェーパ シャーリングマシン パワープレス フリクションプレス	ルータマシン バンドソー チッパ	ワインダ 仮撚機 合糸機 撚糸機 ツイスタ 各種織機・紡機	抄紙機 ロータリプリテンプ機 ホールディングフィーダ パッキング ソーティング機 紙管機 その他の紙加工機	ジェネレータ コンピュータ 電気カンナ オートドライヤ その他の電子機器	製粉機 印刷機 精密機械 レジャー施設 化学薬品機 自動販売機 両替機 複写機 紙送り機 券売機 自動改札機

・過大なスリップが生じると，ベルトがプーリから逸脱しやすい．

図 5-40 に，ベルトの代表的な掛け方を示す．A 側を駆動軸とした場合，ベルトの張り側を下にくるようにする．速度伝達比 i は，すべりを無視すれば次の式で与えられる．

$$i=\frac{\omega_1}{\omega_2}=\frac{d_2}{d_1} \tag{5.27}$$

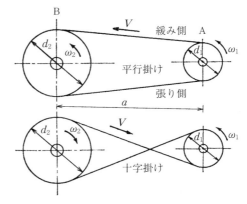

図 5-40 平ベルトの掛け方

実際には，ベルトとプーリの間には，1〜2％程度のすべりが発生する．平行掛けの場合のベルトの長さ L は，近似的に次式で求められる

$$L=2a+\frac{\pi}{2}(d_1+d_2)+\frac{(d_2-d_1)^2}{4a} \tag{5.28}$$

表 5-7 に，平ベルトの種類を示す．平ベルトは，延伸ポリアミドフィルムなどを心体にしたフィルムコア平ベルト，ポリエステルコードなどを心体にしたコード平ベルト，綿布やポリエステル織布などを心体にした積層式平ベルト，

表 5-7　平ベルトの種類 [9]

種類	構造	主な用途
フィルムコア平ベルト		繊維機械のスピンドル駆動 抄紙機の各パート駆動
コード平ベルト		工作機の主軸駆動 自動改札機などの切符搬送
積層式平ベルト		一般動力伝達 ATM などの紙幣搬送
単体式平ベルト		オーディオなどの軽負荷伝動

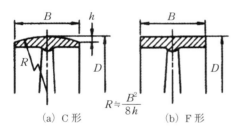

$$R \fallingdotseq \frac{B^2}{8h}$$

(a) C 形　　(b) F 形

図 5-41　平プーリの形状

および軽負荷伝動などで使用され単一材料で構成される単体式平ベルトなどが代表的なベルトとなっている.

図 5-41 に，JIS B 1852 に規定されている平プーリの形状を示す．外周面の形状で，C 形は中央を高くしてクラウンを付けている．クラウンを付けることで，回転中にベルトが外れにくくなる．

(2) V ベルトと V プーリ

V ベルト伝動は，台形断面をもったループ状のベルトを V 溝をもったプーリに巻き掛けて動力を伝達する．この方式では，V ベルトがプーリの溝に食い込むくさび作用によってプーリとの間に大きな摩擦力が生じる．したがって，V ベルト伝動は平ベルトより大きな動力を伝えることができる．2 軸の中心距離は 5 m 以下で，速度伝達比は普通 7 まで，周速度は 30 m/s 程度までが使用範囲である．

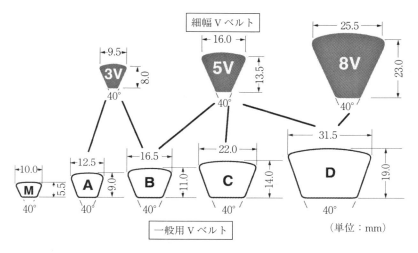

図 5-42 V ベルトの種類

① V ベルトの種類

図 5-42 に示すように,一般用 V ベルトは断面寸法により M, A～D の 5 種類が JIS K 6323 に規格化されている.また,一般用 V ベルトに比べて幅が狭く,高さを大きくした細幅 V ベルトも 3 V, 5 V, 8 V の 3 種類が JIS K 6368 に規格化され,寿命や高速運転の点で優れているため,広く用いられている.

一般用 V ベルト,細幅 V ベルトのほかに,**図 5-43** に示す V リブドベルト (V-ribbed belt) が JIS B 1858 に規定されている.V リブドベルトは,V ベルトの高伝動能力と平ベルトの柔軟性を兼ね備えたベルトで,平ベルトより摩擦力が大きく,柔軟性があり,V ベルトよりプーリの径を小さくでき,高速で高効

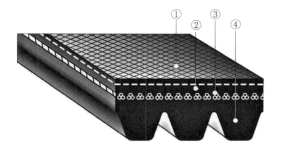

図 5-43 V リブドベルト (①:上布,②:接着ゴム,③:心線,④:リブゴム)[11]

率運転ができるなどの利点がある．

② Vベルトの構造

Vベルトの構造は，図5-44，図5-45に示すラップドVベルトとローエッジVベルトがJISに規定されている．

・ラップドVベルト

断面の周囲をゴムを塗布した布で覆う構造である．

・ローエッジVベルト

断面の上下をゴム塗布布で覆う構造で，屈曲性がよく，変速プーリや小径プーリを使用する場合に選択される．

図5-44　ラップドVベルト（①：カバー布，②：心線，③：底ゴム）[10]

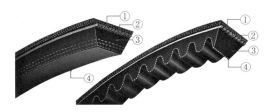

図5-45　ローエッジVベルト（①：上布，②：心線，③：底ゴム，④：下布）[10]

③ Vプーリ

ベルトの規格に応じて，それぞれ一般用Vプーリ（JIS B 1854）と細幅Vプーリ（JIS B 1855）およびVリブドベルト伝動-一般用プーリ（JIS B 1858）などがある．

（3）歯付きベルトと歯付きプーリ

図5-46に示すように，ベルトに付けられた歯とプーリの歯がかみ合って動力を伝達する．歯を付けたベルトを歯付きベルトというが，用途によってはタイミングベルト（timing belt）と呼ぶこともある．

ベルトの歯とプーリの歯がかみ合うので，すべりがなく，高トルクの動力を大きな速度比で伝動できるのが特徴である．OA機器，家電製品，自転車，自動車など広く使用されている．

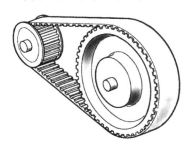

図5-46　歯付きベルト伝動

① 歯付きベルトの種類

歯付きベルトは，1940年代に内歯車をベースに米国で実用化された．日本では，**図 5-47**に示す台形状の歯をもつ一般用歯付きベルト（JIS K 6372）が規定された．ベルトは，ピッチの大きさにより MXL, XXL, XL, L, H, XH, XXH の7種類があり，ピッチはインチサイズである．ベルト歯形は MXL から XXL へと順次大きくなる．

歯付きベルトは，台形歯形が最初であるが，用途はますます多様化して，よりコンパクトに，より静かに，より正確にとの要望から，**図 5-48**に示すような円弧歯形（丸歯形，強力歯形）のベルトが考案され，広く使われるようになってきた．したがって，規格化の必要から一般用円弧歯形歯付きベルト伝動（JIS B 1857）が制定された．円弧歯形は H, P, R, S の4種類の歯形が規定されている．円弧歯形のピッチはミリ単位である．**図 5-49**に，歯付きベルトの構造を示す．

② 歯付きプーリ

歯付きプーリの寸法を**図 5-50**に示す．ピッチ円直径は，歯先円直径より大きくなり，ベルトが巻き付いたときのピッチ

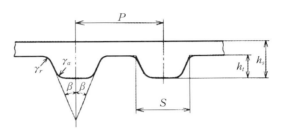

図 5-47　一般用歯付きベルト形状

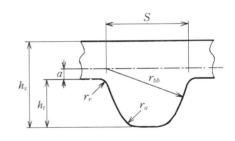

図 5-48　円弧形状歯付きベルト（S歯形）

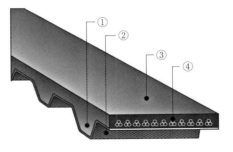

図 5-49　歯付きベルトの構造〔①：歯ゴム，②：歯布，③：背ゴム，④：心線（グラスファイバ）〕[11]

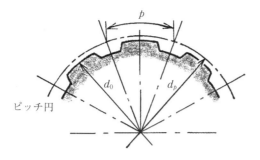

図 5-50 歯付きプーリの寸法（d_0：歯先円直径，d_p：ピッチ円直径）

線と一致することとなる．ピッチ円直径 d_p は，プーリの歯数を z，ピッチを p として，$d_p = pz/\pi$ となる．歯数や歯先円直径は，メーカーのカタログや JIS 規格を参考にして決める．

円弧歯形歯付きベルトは，メーカーによって異なる数種類の歯形があり，それらの間でプーリの互換性はないが，いずれも台形歯形ベルトより歯ピッチに対する歯厚と歯たけが大きく，プーリとのかみ合いもスムーズで伝動容量が大きい．

歯付きプーリは，ベルトがプーリから外れないようにフランジがプーリの両側についているもの，片側だけのもの，フランジのないものなどがある（**図 5-51**）．

図 5-51 歯付きプーリ

5-2-2 チェーン

チェーン（chain）をスプロケット（sprocket）の歯に巻き掛けて動力を伝達するチェーン伝動は，回転を確実に伝えることができることが特徴である．伝達効率も V ベルト伝動よりよいが，高速の伝動では，振動や騒音が問題になることがある．**図 5-52** に，各種チェーンとスプロケットの例を示す．

図 5-52　チェーンとスプロケット [12]

(1) チェーンの種類と構造

チェーンには多種多様なものがあるが，用途で分類すると伝動用と搬送用とに分けられる．伝動用には，一般用，強力タイプ，無給油タイプ，耐環境タイプ，自転車用・オートバイ用・自動車用などの専用チェーン，特殊チェーンなどがある．搬送用では，小型搬送用，精密搬送用，トップチェーン，フリーフローチェーン，コンベヤなどの大型搬送用と種類が多く，各種の産業分野で使われている．**図 5-53** に，各種のチェーンを示す．

最も一般的に使用されているローラチェーンの構造を調べてみると，**図 5-54** に示すようになっている．構成は，内リンクと外リンクの組合せで，プレート，ピン，ブシュ，ローラから成り立っている．

① **内リンク**

向き合った内プレートに2個のブシュが圧入され，ブシュの外側にローラが回転できるようにはめられて，1個の内リンクを構成している．

② **外リンクと中間プレート**

向き合った外プレートに2本のピンが圧入され，内リンクをつなぐ役割をする．多列ローラチェーンの場合は，外リンクに中間プレートが加わる．

③ **プレート（内プレート，外プレート）**

チェーンに荷重が掛かったときにこれを受けもつ．

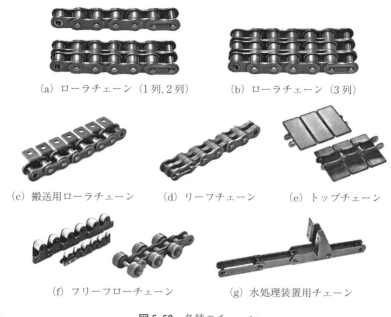

(a) ローラチェーン（1列,2列）　(b) ローラチェーン（3列）

(c) 搬送用ローラチェーン　(d) リーフチェーン　(e) トップチェーン

(f) フリーフローチェーン　(g) 水処理装置用チェーン

図 5-53　各種のチェーン

④ ピ　ン

プレートを介してせん断と曲げ応力を受け，スプロケットとかみ合うときにブシュとともに軸受部を構成する．

⑤ ブ シ ュ

主としてピンと軸受の作用で，ローラを介して衝撃荷重を受ける．

⑥ ロ ー ラ

チェーンがスプロケットにかみ込むときに，歯面との衝突による衝撃荷重を受ける．また，歯面とブシュ面とではさまれて歯面を移動するため，圧縮荷重と摩擦力を受ける．

伝動用ローラチェーンの種類は，チェーン各部の寸法によって，A 系，A 系 H 級，A 系 HE 級および B 級の 4 種類がある．

《継手リンク，オフセットリンク》

必要な長さのチェーンの両端を連結してリング状のチェーンが得られる．連

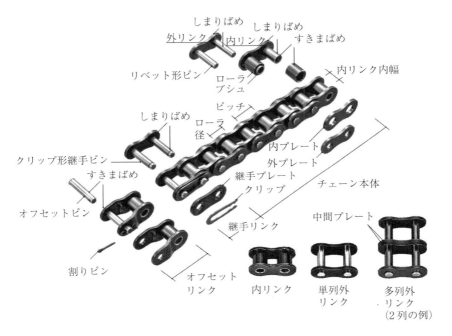

図 5-54　ローラチェーンの構造[12]

結するのに必要なものが，継手リンクである．継手リンクには，クリップ形と割りピン形がある．また，全体のリンクの総数が奇数の場合は，オフセットリンクを使用する．

　ローラチェーン伝動では，**図 5-55** のように，なるべく上側を張り側，下側をたるみ側とする．ローラチェーン伝動では，V・平ベルト伝動のように初期張力を与える必要はなく，一般にローラチェーンに適当なたるみをもたせて使用する．ローラチェーンを張り過ぎると，ピンとブシュ間の油膜が破れて，ローラチェーンや軸受の損傷を早めることになる．また，たるみ過ぎると，ローラチェーンが振動したり，スプロケットに巻き付いたりして，ローラチェーンと

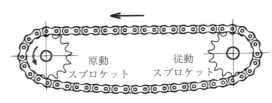

図 5-55　チェーンの掛け方

スプロケットの両方を損傷する可能性がある.

（2）スプロケット

ローラチェーンのスプロケットは，円滑にかみ合って回転できる形状で，いくつかの歯で荷重を分担できるようにチェーンとピッチが一致している．図 5-56 に，スプロケットの概略図を示す．

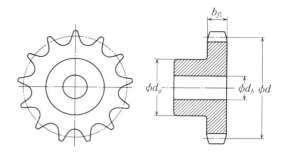

図 5-56　スプロケットの寸法

チェーンがスプロケットに巻き付いたとき，ローラの中心を通る円をピッチ円と呼ぶ．ピッチ円直径 d は，ピッチを p，歯数を z とすると，次式で与えられる．

$$d = \frac{p}{\sin(\pi/z)} \tag{5.29}$$

伝動用ローラチェーン用のスプロケットの歯形は，S 歯形，U 歯形，ISO 歯形があり，図 5-57 に S 歯形を示す．

（3）回転比とチェーン速度

回転伝達比 i は，駆動側スプロケットの歯数と回転数を z_1, n_1，従動側スプ

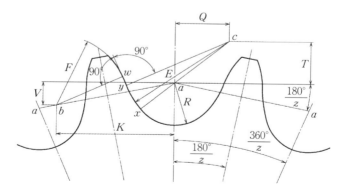

図 5-57　スプロケットの歯形（S 歯形）（JIS B 1801）

ロケットの歯数と回転数を z_2, n_2 とすれば，次式となる．

$$i = \frac{n_1}{n_2} = \frac{z_2}{z_1} \tag{5.30}$$

チェーンの平均速度 V は，チェーンのピッチを p として

$$V = p z_1 n_1 \tag{5.31}$$

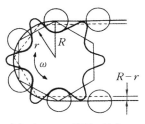 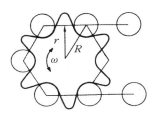

(a) チェーン速度：最大　　(b) チェーン速度：最小
　　($V_{max} = R\omega$)　　　　　　($V_{min} = r\omega$)

図 5-58 チェーンの速度変動 [13]

表 5-8 伝達要素の特性比較 [14]

伝動の種類		ローラチェーン	歯付きベルト	Vベルト	歯車
同期性		◎	◎	×	◎
伝動効率		◎	◎	△	◎
耐衝撃性		△	○	◎	×
騒音・振動		△	◎	◎	×
雰囲気		水，塵を避ける（耐環境ドライブチェーン有）	熱，油，水，塵を避ける	熱，油，水，塵を避ける	水，塵を避ける
スペース重さ	高速軽負荷	×	◎	○	○
	低速重負荷	◎ コンパクト軽量	△ プーリがやや重い	× 幅が大きくプーリが重い	○ かみ合い歯数が少なく強度必要
潤滑		× 必要	◎ 不要	◎ 不要	× 必要
レイアウトの自由度		◎	○	△	×
軸受にかかる余分な荷重		◎	○	×	◎

◎：有利，　○：やや有利，　△：やや不利，　×：不利

である．しかし，**図 5-58** に示すように，チェーンは多角形の車にベルトを掛けたときと同じような運動になるので，スプロケットが等速回転していても，チェーンの速度は変動することになる．スプロケットの角速度を ω，ピッチ円半径を R とすれば，$r = R\cos(\pi/z)$ となり，速度変化は次式より求められる．

$$V_{max} = R\omega, \quad V_{min} = R\omega\cos(\pi/z) \tag{5.32}$$

速度は $V_{max} \sim V_{min}$ の変動を周期的にすることがわかる．歯数が 10 枚の場合，速度変動率は約 5 %，40 枚の場合は 0.3 % となり，歯数が大きくなれば変動は小さくなる．

（4）動力伝達要素の特性比較

チェーン伝動と他の動力伝達要素との特性について比較した結果を **表 5-8** に示す．

参考文献

1) （株）ハセックギア：カタログ
2) http://www.ne.jp/asahi/kuruma/garou/ts-04-watch-8.htm
3) http://tkigyo-toubu.sakura.ne.jp/setubi2.html
4) 協育歯車工業（株）：CATALOGUE No.KG1001
5) 日本ギア工業（株）：「ラックジャッキ」カタログ
6) 内山　弘：歯車概論, 図 2・7, 啓学出版, p.56.
7) 小原歯車工業（株）：KHK 総合カタログ
8) 転位係数の選び方, 新歯車便覧, 日本歯車工業会
9) ベルト伝動技術懇話会 HP「設計情報」
10) 三ツ星ベルト（株）：V ベルト マックスターウェッジ伝動 設計資料
11) バンドー化学（株）：バンドー伝動ベルト総合設計マニュアル
12) http://www.tsknetshop.com/index_4.html
13) 機械要素活用マニュアル「チェーン」, （株）工業調査会, 図 2.13, p.16.
14) （株）椿本チエインカタログ「つばきドライブチェーン＆スプロケット」

第6章　その他の機械要素

6-1　ばね

6-1-1　ばねの種類
6-1-2　ばねの材料
6-1-3　ばねの設計

6-2　シール

6-2-1　シールの種類
6-2-2　パッキン（運動用シール）
6-2-3　ガスケット（固定用シール）
6-2-4　シールの選定方法

第6章　その他の機械要素

第5章までに扱った機械要素以外にも，まだたくさんの機械要素があり，重要な役割を果たしているが，すべてを取り上げることはできないので，この章では，ばねとシールについて解説する．

6-1　ば　　ね

自動車には，数千個のばねが使われている．クリップやシャープペンシルなど身のまわりにもさまざまな種類のばねが使われている．「ばね」とは，JIS B 0103（ばね用語）で「たわみを与えたときにエネルギーを蓄積し，それを解除したとき，内部に蓄積されたエネルギーを戻すように設計された機械要素」と定義されている．ばねは，スプリング（spring），発条，弾条，バネ，ぜんまいなどとも呼ばれたりする．

ばねの主な用途は，次のように考えることができる
① 蓄えた弾性エネルギーを利用する………時計のぜんまいなど

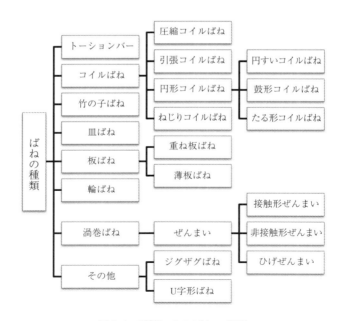

図 6-1　形状によるばねの分類

② ばねの反力を利用する………………ばね秤，安全弁，弁ばねなど
③ 振動の伝達防止や衝撃の緩和に利用…電車や自動車の懸架ばねなど

6-1-1 ばねの種類

《ばねの形状による分類》

ばねの形状によって分類すると，図 6-1 に示すようになる．図 6-2 には，主なばねの形状を示した．

そのほか，ばねの用途による分類として，ファスナばねを取り上げてみると，止め輪（C 形止め輪，E 形止め輪などのサークリップ），ばね座金（皿ばね

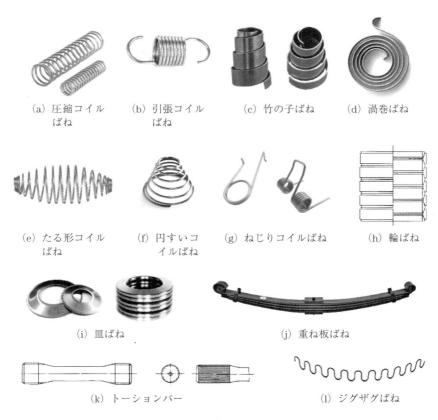

(a) 圧縮コイルばね　(b) 引張コイルばね　(c) 竹の子ばね　(d) 渦巻ばね

(e) たる形コイルばね　(f) 円すいコイルばね　(g) ねじりコイルばね　(h) 輪ばね

(i) 皿ばね　(j) 重ね板ばね

(k) トーションバー　(l) ジグザグばね

図 6-2　各種のばね

座金，波形ばね座金など），スプリングピン，スナップピンなど，普段ばねと認識しないで使っているものもある．

6-1-2 ばねの材料

ばね用の材料には，弾性さえ大きければ何でも使用することができるが，効率が良い材料が望まれる．現在使われているばね用材料には，環境や用途に合わせてさまざまな材質がある．耐食性に優れた材料，耐熱性に優れた材料，導電率の高い材料，磁性のない材料などがあるので，最適な材料選択をすることが重要である．**図 6-3** に，ばね材料による分類を示す．

最も一般的な材料は，ばね鋼（SUP）である．そのほか，使用目的により高鋼線（SW），ピアノ線（SWP）などが使用される．代表的な冷間成形の線ばね用材料には，次のような材料がある．

・ばね用ステンレス鋼線（SUS 304-WPB, SUS 316-WA）
・硬鋼線（SW-C）
・ピアノ線（SWP-A, SWP-B）
・ばね用リン青銅（C 5191 W）
・ばね用オイルテンパー線（SWOSC-B）
・弁ばね用オイルテンパー線（SWOSC-V）

代表的な薄板ばね用材料としては，次のような材料がある．

・ばね用ステンレス鋼板（SUS 301-CSP, SUS 304-CSP）
・ばね用リン青銅（C 5191）
・ばね用ベリリウム銅（C 1720）
・ばね用冷間圧延鋼（SK 85-CSP）

大型のばねは，熱間成形ばね用鋼（SUP）が使用される．

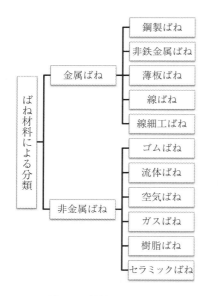

図 6-3 材料による分類

6-1-3 ばねの設計

ばねは，設計者が使用目的に合うばねの仕様書を作成し，仕様に合うばねを購入，あるいはばねメーカーに製作を依頼する．

ばねの設計では，ばねのたわみまたは高さと荷重（力）との関係を表すばね特性の要求が初めにあり，そのばね特性を満足させるように材料の直径，コイル内外径，巻数，自由高さ，自由長さなどのばねの寸法，形状，材料などを決めることが多い．ばねの設計計算方法については，

JIS B 2704-1 コイルばね―第1部：圧縮及び引張コイルばね基本計算方法，

JIS B 2704-2 コイルばね―第2部：圧縮コイルばねの仕様の表し方，

JIS B 2704-3 コイルばね―第3部：引張コイルばねの仕様の表し方

が規定されているので，参照して仕様を決める必要がある．**表6-1**に，引張コイルばねの仕様例を示す．

表 6-1 引張コイルばねの仕様例（JIS B 2704-3）

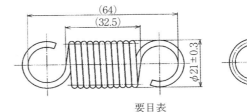

要目表

材料		SW-C
材料の直径 [mm]		2.6
コイル平均径 [mm]		18.4
コイル外径 [mm]		21±0.3
総巻数		11.5
巻方向		右
自由長さ [mm]		(64)
ばね定数 [N/mm]		6.25
初張力 [N]		−26.8
指定	長さ [mm]	85
	長さのときの荷重（力）[N]	164.5±10%
	荷重（力）[N]	−
	荷重（力）のときの長さ [mm]	−
	応力 [N/mm^2]	531
最大許容引張長さ [mm]		92
フックの形状		丸フック
成形後の表面加工		−
表面処理		防せい油塗布
用途または使用条件		常温・静荷重（力）

6-2 シール

　流体の漏れや外部からの異物の侵入を防止するために用いられる密封装置をシール（seal）と呼ぶ．身近にシールを使用した製品は多数あり，時計，水筒，携帯電話など，また自動車部品には，エンジンヘッドガスケットやシール材など多数ある．シールは隠れた存在であるが，機械の寿命を延ばしたり，環境汚染を防いだりする重要な役割を果たしている．

6-2-1　シールの種類

　回転や往復運動などのような運動部分の密封に用いられるシールを運動用シールまたはパッキン（packing），配管用フランジなどのように，静止部分の密

表 6-2　シールの種類

運動用シール（パッキン）	接触式シール	回転運動用	オイルシール メカニカルシール グランドパッキン
		往復運動用	オイルシール 成形パッキン 　リップパッキン 　スクイーズパッキン グランドパッキン
	非接触式シール	往復運動用	ラビリンス ブシュシール
		回転運動用	ラビリンス 磁性流体シール ブシュシール ビスコシール 遠心シール ダイナミックシール
固定用シール（ガスケット）	金属ガスケット		ゴムコーティング 　金属ガスケット 金属Oリング 金属平型ガスケット
	非金属ガスケット		Oリング，角リング 紙ガスケット ゴムガスケット 液状ガスケット

封に用いられるシールを固定用シール，またはガスケット (gasket) と呼ぶ．一般的に使用されているシールは，作動原理，形状から**表 6-2**に示すように分類されている．

特に運動用シールは，摺動性と気密性の両方を満足する必要があり，その設計，選定は難しいものになる．使用条件を明確にし，シールがもつ摺動性と気密性の折り合いを上手にとることが設計に求められる．

6-2-2　パッキン（運動用シール）

（1）オイルシール

オイルシール (oil seal) は，ドイツでその原型がつくられ，現在ではさまざまな機械の中に組み込まれている．特に，機械の回転軸の軸受部を密封し，潤滑油をはじめ各種の流体（水や薬液）の外部への漏れを防ぎ，また外部のダスト (dust：塵，埃) などの侵入も防ぐ機械要素として，回転用シールとしては最も一般的に使用されているのがオイルシールである．**図 6-4**に，オイルシールの構造を示す．

金属環とゴムや樹脂でできたリップ部で構成され，オイルシールの内径は軸径より少し小さく設計され，軸表面にリップが押し付けられている．シールリップ部は，ばねで押し付けられているばね入りタイプと，ばねなしタイプがある．ダストリップ（保護リップ）は，外部からのダストが内部に侵入するのを防ぐ役割を担っている．ダストリップなしのタイプもある．**図 6-5**に，JISで規定されているばね入りタイプのオイルシールの種類を示す．

《オイルシールの取付けにおける注意事項》

① オイルシールのリップが接触する軸の表面は，一般に 30 HRC 以上の硬さ（特殊な場合を除く）で，軸材料は，機械構造用炭素鋼，または低合金鋼を推奨する．

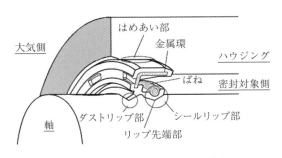

図 6-4　オイルシールの構造[1)]

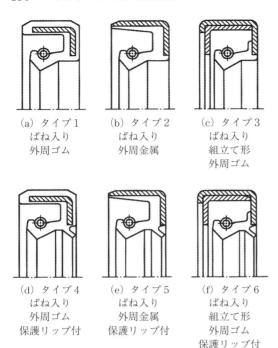

図 6-5 オイルシールの構造区分例（JIS B 2402-1）

(a) タイプ1 ばね入り 外周ゴム
(b) タイプ2 ばね入り 外周金属
(c) タイプ3 ばね入り 組立て形 外周ゴム
(d) タイプ4 ばね入り 外周ゴム 保護リップ付
(e) タイプ5 ばね入り 外周金属 保護リップ付
(f) タイプ6 ばね入り 組立て形 外周ゴム 保護リップ付

② オイルシールのリップが接触する軸表面の粗さは，大き過ぎても小さ過ぎても漏れや摩耗の要因となる．表面の仕上げは，送りをかけないプランジ研削が望ましい．軸の表面粗さは，$0.1 \sim 0.32 \mu m\, R_a$ および $0.8 \sim 2.5 \mu m\, R_z$ 程度とする．ただし，表面粗さがその範囲内にあっても，軸の加工痕に方向性があると漏れの原因となる．

③ 軸にオイルシールを挿入する場合，軸端に鋭い角が付いているとオイルシールのリップを傷付け，漏れの原因になったりすることがあるので，軸端には 30°以内のテーパを付け，角部には 0.3～0.5 mm 程度の丸みを付ける．

④ ハウジングの材料が，鋼や鋳鉄の場合は特に問題はないが，軽合金や樹脂の場合は熱膨張係数がシールの金属環と異なるので，高温時には，外周漏れやシール脱落の恐れがある．やむを得ず軽金属や樹脂を使用する場合は，外周がゴムのオイルシールを使用する．

⑤ ハウジング穴のはめあい面の表面粗さは，はめあい部からの漏れを防ぐため，$1.6 \sim 3.2 \mu m\, R_a$ および $6.3 \sim 12.5 \mu m\, R_z$ とする．

⑥ ハウジングの寸法公差は，H8 を適用する．

⑦ ハウジング穴入口部には 15～25°のテーパ面取りを付ける．面取り長さは，0.7～1.3 mm とする．

（2）メカニカルシール

メカニカルシール（mechanical seal）は，各種シールの中で最も適用範囲が広いシールである．高速，真空から高圧，極低温から高温，高粘度などの過酷条件にも対応でき，最近では気体や粉体などにも適用されている．適用範囲が広いことに加えて，以下のような優れた特長をもっている．**図 6-6** に，メカニカルシールの外観を示す．

図 6-6　メカニカルシール外観[2]

- 漏れ量が極めて少ない
- 軸動力損失が少なく，寿命も長い
- 自動調整機能があるため，運転中の調整が不要である
- 軸やスリーブが摩耗せず，ランニングコストが安い

メカニカルシールの基本構造は，**図 6-7** に

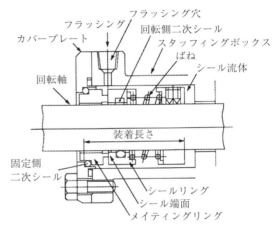

図 6-7　アンバランス回転メカニカルシール

示すように，スプリングなどによって軸方向に動くことができるシールリングと，動かないメイティングリングから構成されている．シールリング（回転環）は，軸とともに回転し，メイティングリング（固定環）とミクロン単位のすきまを保持しながら接触している．接触してすり合う面を摺動面という．摺動面は，固定環・回転環がすり合わさる面であり，流体を止める最も重要な部分である．すきまが狭過ぎたら摩擦が強くなり，軸の動きを妨げたり，シールが壊れるといった影響を与え，逆にすきまが大き過ぎたら液体を漏らすこと

になってしまうので、適正な流体膜の厚みは 0.5～2.5 μm 程度とされている．ばねは、シール端面に初期の接触面圧を与える働きをし、流体圧力により回転環が押されるまでの間、シール端面からの漏れを防止する．

メカニカルシールの種類は JIS に 4 種類の構造例が示されているが、規定はされていない．構造的には、スプリングの取付け位置により回転形と静止形に別れる．またスプリングの数でシングルかマルチに、回転側二次シールが V リングか O リングかに分かれる．さらに、圧力に対してバランス形かアンバランス形かなどの分類がされている．使用に当たっては、メーカーのカタログを参照する必要がある．

(3) グランドパッキン

グランドパッキン（gland packing）とは、一般的に断面が角形で紐状の軸封部品で、軸が回転する機器やプランジャポンプ（ピストンポンプ）のように軸が往復運動をする軸、またバルブステムのようにらせん運動をする軸に対して、圧力の加わった流体が機器の外部へ流出するのを防ぐために使用するシール材である．

JIS B 0116 では、「一般的に断面が角形で、スタッフィングボックスに詰め込んで用いられるパッキンの総称」として定義されてる．**図 6-8** にポンプの軸への使用例を示す．

《グランドパッキンの材質》

グランドパッキンには、次のような材質がある．

① ブレードパッキン（編組パッキン）

ポンプ用、回転機用として用いられるグランドパッキンで、繊維糸を編み組んで紐状にしたものに潤滑剤を処理したり、ゴムや樹脂を含侵させたグランドパッキン．編み方には、八つ編み、袋編み、格子編みなどがある．

② 積層パッキン

布とゴムを交互に積層したり、巻き込んだりしたグランド

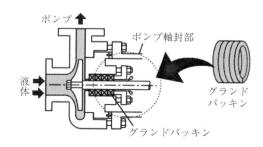

図 6-8 グランドパッキン使用例[3]

パッキンである．交互面が軸に接するようにして使用される．

③ 金属箔パッキン

金属箔のリボンを使用し，適当に巻き重ねたり，組み合わせたグランドパッキンである．

④ 黒鉛パッキン

黒鉛のテープを巻き込んだり，黒鉛のシートを打ち抜いたりしたグランドパッキンである．アダプタパッキンと併せてバルブの弁棒シールなどに用いられる．

（4）成形パッキン

成形パッキンは，型によって成形加工されたパッキンで，リップパッキン（lip packing）とスクイーズパッキン（squeeze packing）がある．

① リップパッキン

リップパッキンは，U形，V形，L形，J形の断面をもつパッキンで，流体の圧力が加わると，それが自動的に接触圧力となって働き，漏れを防止する形式である．油圧機，水圧機などの高圧機器の往復運動をする軸の漏れ止めに適している．図6-9に，形状例を示す．

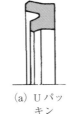  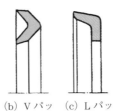 

(a) Uパッキン　(b) Vパッキン　(c) Lパッキン　(d) Jパッキン

図6-9　リップパッキンの種類

・Uパッキン

油圧・空気圧シリンダのロッドやピストンに最もよく使用され，ゴムあるいは布入ゴムなどでつくられる．Vパッキンに比べて，摩擦抵抗が小さく，装着スペースが小さいという利点があり，普通は単体で用いる．図6-10に，外観を示す．

リングの外周と内周にそれぞれ密封機

図6-10　Uパッキン

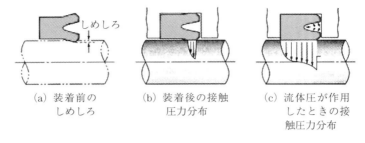

(a) 装着前の
しめしろ

(b) 装着後の接触
圧力分布

(c) 流体圧が作用
したときの接
触圧力分布

図 6-11　Uパッキンの接触圧力分布 [4]

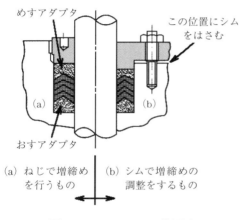

(a) ねじで増締め
を行うもの

(b) シムで増締めの
調整をするもの

図 6-12　Vパッキンの使用例

能をもたせたシールリップがあり，図 6-11（c）に示すように，U形状の谷部に圧力を導入することで，リップ部の圧力作用による拡張力がプラスされて，相手摺動面への追随性や圧力変化への応答性を高めた設計形状となっている．

・Vパッキン（JIS B 2403）

油圧シリンダ用のパッキンとして使用されている．Vパッキンの使用方法は，図 6-12 に示すように，圧力に応じて複数枚重ね，その上下に押さえとしてアダプタ（おす，めす）をはさんで組み込む．JIS で布入りゴムのVパッキン（F）とゴムのVパッキン（H）が規定されていて，それぞれ使用目的に応じて用いられている．また，布入りゴムVパッキンとゴムVパッキンを併用する場合もある．材料は，JIS で規格化されている布入りゴム，ゴム以外に，テフロン（ふっ素樹脂），皮などがある．性能の良いUパッキンの登場で需要が減ってきているが，大型機械の設備などでは，信頼性を買われてVパッキンを使用しているようである．

② スクイーズパッキン

Oリングなどのように，溝の中に適当量のつぶししろを与えて使用するリ

表 6-3 スクイーズパッキンの種類と特徴[5]

		Oリング	角リング	Dリング	Xリング
形状					
円筒面	往復運動用	○	−	◎	◎
	固定用	○	−	−	
平面固定用		○	◎		
用途		汎用	固定用	往復運動用	低摺動用
特徴			面圧高く，シール性良好	ねじれ防止形状，溝幅小	ねじれ防止，低摺動

ング状のパッキンをスクイーズパッキンといい，断面形状によってOリング，角リング，Dリング，Xリングなどと呼ばれる．**表 6-3**に，各種の形状と特徴の比較を示す．

・Oリング（JIS B 2401-1 ～ 2401-4）

図 6-13に示すOリングは，断面がO形（円形）の環状パッキンで，溝部に装着して適度に圧縮し，油，水，空気，ガスなど，多種多様な流体が漏れるのを防ぐために使用される．

用途別の種類は，運動用Oリング(P)，固定用Oリング(G)，真空フランジ用Oリング

図 6-13 Oリング

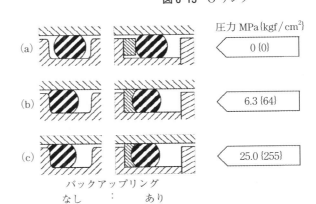

図 6-14 Oリングの使用法[6]

(V),ISO 一般工業用 O リング (F),ISO 精密機器用 O リング (S) の 5 種類が JIS 規格に規定されている.

O リングの漏れ止め原理は,**図 6-14** の (a) に示すように,溝に装着し約 8〜30 % のつぶししろを与え,低圧の場合は O リング自体の弾性により,そのままでシールできる.圧力が増加すると,(b) のように O リングは溝の片側に押し付けられ,O 形が変形して接面圧力を増加してシールすることになる.さらに圧力が高くなると,(c) のように溝のすきまからはみ出して,O リングそれ自体が破損する恐れがある.このような高圧の場合の対策として,バックアップリング (back-up ring) を使用することによってはみ出しを防ぐことができる.図は作動圧力の増加に伴う O リングの変形状況を示したもので,(b) のように圧力 6.3 MPa 程度からはみ出しが発生している.したがって,O リングは,作動圧力 6.9 MPa {70 kgf/cm^2} を目安としてバックアップリングを使用する.

(5) 非接触式シール

非接触式シールには,ラビリンスシール,遠心シール,ビスコシール,磁性流体シールなどがある.

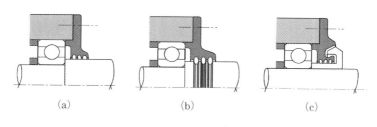

図 6-15 油溝 [7]

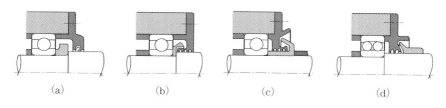

図 6-16 遠心シール(フリンガ)[7]

① 油溝と遠心シール

図 6-15 に示す油溝は，回転軸に複数の溝を切ることによってラビリンス効果が発揮され，シール機能を果たすことができる．図 6-16 のように，遠心シールと併用することでシール効果を高めることができる．遠心シールは，フリンガ（油切り：flinger）あるいはスリンガ（油切り：slinger）などともいわれる．

② ラビリンスシール

図 6-17 に示すように，狭いすきま（絞り部）と広がり部（膨張室）を交互に数段〜数十段設けたものをラビリンス

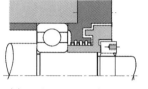
(a) アキシャルラビリンス

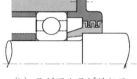
(b) ラジアルラビリンス

図 6-17 ラビリンスシール[7]

シール（labyrinth seal）といい，そこを流体が通過することでエネルギー損失を繰り返し，漏れを防ぐ方法である．

③ ビスコシール

図 6-18 に示すように，回転軸のシール部にねじを切ったものをビスコ

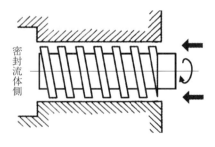

図 6-18 ビスコシール

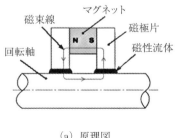
(a) 原理図

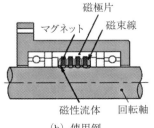
(b) 使用例

図 6-19 磁性流体シール[8]

シール（visco-seal），あるいは ねじシールといい，回転軸が回転すると，ねじポンプ効果によって密封流体が高圧側に押し戻されることになる．ただし，ねじの回転は一方向のみで，逆転はできない．

④ 磁性流体シール

磁性流体は磁気を帯びることによって，固体のように固定される性質をもっている．磁性流体のこの性質を利用して，**図 6-19** に示すように高速スピンドルや真空などのシールとして使用される．

6-2-3 ガスケット（固定用シール）

各種機器の接合部や配管フランジなどのような静止部分の密封に用いられるものをガスケット（gasket）と呼んでいる．ガスケットは，金属ガスケットと非金属ガスケットに分けられるが，両者を組み合わせたセミメタルガスケットと呼ばれるものもある．**図 6-20** に，シリンダヘッド用ガスケットの例を示す．

非金属ガスケットは，非金属材料のみから構成されるガスケットで，一つの材料のみでガスケットとして機能するものもあれば，複数の材料を混合したものもある．非金属ガスケットは，そのほかのガスケットに比べて軟質で，なじみ性に優れていることから，シール締付け圧力を低く設定することができ，一般配管，バルブボンネットをはじめとする機器接合部に幅広く使用されているが，低温・低圧の条件で用いられることが多い．

セミメタリックガスケットは，金属材料と非金属材料を組み合わせてつくられるガスケットである．現在多く用いられているのは，渦巻形ガスケットとメタルジャケット（金属包み）形ガスケットがある．**図 6-21** に示すように，渦巻形ガスケットは，金属製の薄板（フープ）と非金属材料のテープ（フィラ）を交互に渦

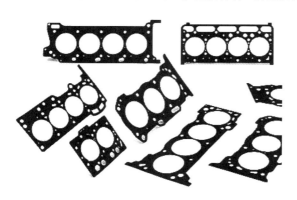

図 6-20 シリンダヘッドガスケット[9]

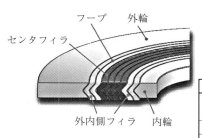

	材質
フープ	INCONEL 相当材
	SUS304 相当材 (500℃以下の場合のみ)
センタフィラ	膨張黒鉛テープ
外内側フィラ	無機繊維テープ
内輪	SUS304 相当材
外輪	SUS304 相当材

図 6-21　渦巻形ガスケット [10]

巻状に巻き，巻き始めと巻き終わりをスポット溶接で固定したガスケットである．シール性能が良く，熱サイクル負荷時の応力変化に対する追従性にも優れた性能を示す．用途は，一般配管から高温・高圧，極低温の各種機器まで幅広く使用されている．メタルジャケットガスケットは，非金属材料の中芯（クッション）材を金属薄板で被覆したガスケットで，シール性能は渦巻形ガスケットに劣るものの，耐熱性に優れ，主にマルチパス形多管式熱交換器，塔，槽などに使用されている．

　金属ガスケットは，金属材料のみでつくられているガスケットで，金属の強度と耐熱性を生かして高温・高圧条件で用いられることが多く，管フランジ，バルブボンネット，ボイラのマンホールをはじめ，塔・槽・熱交換器・オートクレーブなどの機器接合部などに使用される．材料は，耐食性の面からはステンレス鋼，チタン，モネル鋼など，また機器側フランジへのなじみ性の面からは銅，アルミニウム，純鉄，軟鋼などが多く使われ

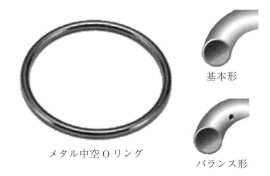

図 6-22　金属ガスケット例

る．用途によってさまざまな形状のものがあり，いずれの形状においてもフランジがガスケットによって傷付けられるのを防止するために，両者の間には硬度差でHB 30程度の差があるものが好ましい．

図6-22に，ステンレス鋼またはインコネルの細管をOリング状に成形し，端面を溶接し，溶接部および他の表面の超精密仕上げした金属ガスケットの例を示す．

6-2-4　シールの選定方法

代表的な運動用接触シールの可能圧力と周速度の使用限界条件を**図6-23**に示す．**図6-24**には，使用温度から見たシールの使用限界を示す．

シールの選択は，まず相対運動の有無から，回転運動や往復運動を伴う運動用か，固定用かを決定する．運動用シールは，運動中も，停止時にもすきまが生じない接触式と，つねにすきまを保持している非接触式があるので，用途によりどちらが適しているか判断する．接触式は，漏れを防止できるが，摩擦・摩耗が避けられず，非接触式は摩擦・摩耗は避けられるが，漏れはゼロにはできない．

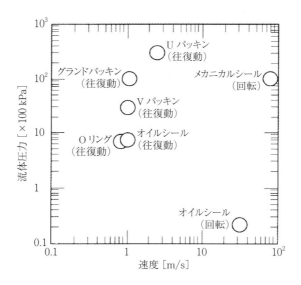

図6-23　各種シールの使用限界条件[11]

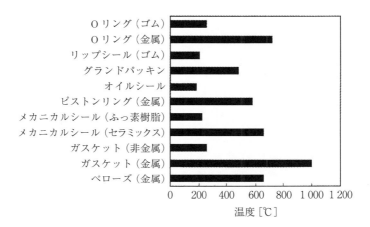

図 6-24　各種シールの使用温度限界 [11]

参 考 文 献

1) オイルシールの構造：http://www.packing.co.jp/OILSEAL/
2) イーグル工業(株)：「メカニカルシール」カタログ
3) 九倉シールテックジャパン(株)ホームページ
4) NOK ハイドロリックシーリングシステム
5) 「O リングの種類」, NOK カタログ
6) 日本バルカー工業(株)：Seal Quick Searcher
7) NSK 転がり軸受 総合カタログ (CAT.1102P)
8) 磁性流体シールの特性, 理学メカトロニクス(株)ホームページ
9) 日本ガスケット(株)ホームページ
10) 日本ピラー工業(株)：「ガスケット」カタログ
11) NOK(株)ホームページ：「使用可能範囲」, シール汎用技術

索　引

ア 行

アイドルギヤ ……………………… 167
アキシャル軸受 …………………… 94
アキシャル内部すきま …………… 108
遊び歯車 …………………………… 167
圧縮応力 …………………………… 12
圧力角 ……………………………… 150
穴基準方式 ………………………… 10
油潤滑 ……………………… 107, 114
油静圧ねじ ………………………… 63
アリストテレス …………………… 141
アルキメデス ………………… 24, 141
アルミニウム合金 ………………… 17
アンウィンの安全率 ……………… 22
アンギュラ玉軸受 ………………… 95
安全率 ………………………… 20, 21
アンダーカット …………………… 154
板ばね ……………………………… 184
一条ねじ …………………………… 27
一般構造用圧延鋼 …………… 14, 68
インボリュート曲線 ……………… 149
植込みボルト ……………………… 40
ウォームギヤ ……………………… 146
渦巻形ガスケット ………………… 198
渦巻ばね …………………………… 184
打抜き保持器 ……………………… 98
内歯車 ……………………………… 144
内リンク …………………………… 177
運動用シール ……………………… 188
永久ひずみ ………………………… 13
円弧歯形 …………………………… 175
遠心シール ………………………… 196
エンジン用軸受 …………………… 128
円すいころ ………………………… 93
円すいころ軸受 …………………… 95
円筒ころ …………………………… 93
円筒ころ軸受 ……………………… 95
円筒歯車 …………………………… 144
エンドキャップ方式 ……………… 61
エンドデフレクタ方式 …………… 61
円ピッチ …………………………… 147
オイルエア潤滑 …………………… 117
オイルシール ……………………… 189
オイルミスト潤滑 ………………… 116
オイレスベアリング ……………… 123
応力 ………………………………… 12
応力集中 …………………………… 73
応力集中係数 ……………………… 74
オーバレイ ………………………… 125
送り用ねじ ………………………… 25
押えボルト ………………………… 39
おねじ ……………………………… 26
オフセットリンク ………………… 178
オルダムカップリング …………… 82
オルダム軸継手 …………………… 82

カ 行

カーデュロの式 …………………… 22
外径 ………………………………… 26
回転精度 …………………………… 107
開放形 ……………………………… 100
外輪 ………………………………… 93
角ねじ ……………………………… 32
角リング …………………………… 195
ガスケット …………………… 189, 198
片歯面かみ合い誤差 ……………… 160
カップリング ……………………… 76
かみ合い誤差 ……………………… 159
かみ合い点 ………………………… 150
カミュの定理 ……………………… 149
干渉 ………………………………… 154

キー	84
キー溝	84
機械	2
機械軸	66
機械構造用合金鋼	16
機械構造用炭素鋼	14, 68
機械の3条件	2
機械要素	3, 4
危険速度	75
危険断面	161
機構学的歯形条件	149
基準円	147
基準円筒ねじれ角	164
基準強さ	21
基準ピッチ線	152
基準ラック	152
基礎円	150
軌道盤	96
軌道輪	93
基本静定格荷重	103, 106
基本定格荷重	103
基本定格寿命	104
基本動定格荷重	103
ギヤ	144
ギヤカップリング	80
ギヤシェーパ	153
キャリア	168
基油	114
境界・混合潤滑軸受	124
境界潤滑	122
強度区分	44
極圧添加剤	114
極限強さ	14
許容応力	20
許容回転数	106
許容限界寸法	6
許容調心角	96
許容トルク	83
切下げ	154
記録密度	131
金属ガスケット	198
金属ばね軸継手	78
食い違い軸歯車	146
空気静圧送りねじ	63
くさび膜効果	126
管用ねじ	30
クランク軸	67
グランドパッキン	192
グリース潤滑	107, 114
クロスグルーブ形等速ジョイント	82
クロム鋼	16, 68
クロムモリブデン鋼	16, 68
嫌気性接着剤	59
減速機	143
原動機械	2
コイルばね	184
合金工具鋼	16
工具用合金鋼	16
高鋼線	186
公差	6
交差軸歯車	146
公差等級	8
合成樹脂軸受	123
高速度工具鋼	16
高炭素クロム軸受鋼	97
こう配キー	86
降伏点	14
互換性	5
国際標準化機構規格	11
固体潤滑	122
固体潤滑軸受	123, 124
固定軸継手	77
固定用シール	189
小ねじ	41
ゴム軸継手	78
転がり軸受	92
転がり直動案内	118
ころ軸受	93

混合潤滑	122

サ 行

サイクロイド曲線	149
最弱断面	161
最小許容寸法	6
最大許容寸法	6
座金	56
作業機械	2
作用線	150
三角ねじ	30
酸化防止剤	114
シール	188
シールド形	100
シールリング	191
ジェット潤滑	116
軸	66
軸案内形式	120
軸受合金	125
軸基準方式	10
軸軌道盤	96
軸直角断面	164
軸継手	66, 76
自己潤滑軸受	123
自在軸継手	80
磁性流体シール	196
自転車ねじ	32
自動調心ころ軸受	96
自動調心玉軸受	96
絞り膜効果	126
しまりばめ	6, 112
しめしろ	6
締付けトルク	54
締付け力	52, 54
ジャーナル軸受	121
斜交かさ歯車	146
車軸	66
十字穴	41
シュミットカップリング	83
循環給油	115
焼結含油軸受	126
小歯車	144
正面圧力角	165
正面組合せ形	103
正面ピッチ	165
正面モジュール	165
針状ころ	93
針状ころ軸受	95
浸炭軸受用鋼	97
水平接線力	52
すきまばめ	6, 112
スクイーズパッキン	193, 194
すぐばかさ歯車	146
スコーリング	161
スタイル 1	38
スタイル 2	38
ステンレス鋼	16
ストライベック曲線	121
スピンドル	66
スピンドルモータ	130
スプロケット	169, 180
すべり案内	136
すべり軸受	92, 121
すべり軸受材料	128
スポーリング	162
スラスト軸受	93, 94, 121
スラスト自動調心ころ軸受	96
スラスト玉軸受	96
すりわり	41
スリンガ	197
寸法許容差	6
寸法系列	100
寸法公差	6
寸法精度	107
静圧案内面	132
静圧形流体潤滑軸受	131
静圧軸受	132
静圧ねじ	63

索引

成形パッキン ……………………………… 193
成形保持器 ………………………………… 98
性状区分 …………………………………… 44
成長鋳鉄含油軸受 ………………………… 126
正転位 ……………………………………… 156
精度等級 ………………………………107, 157
積層パッキン ……………………………… 192
接触シール形 ……………………………… 100
セミメタリックガスケット ……………… 198
旋削 ………………………………………… 28
全ねじ六角ボルト ………………………… 37
ぜんまい …………………………………… 184
創成歯切り ………………………………… 152
創成法 ……………………………………… 152
増速機 ……………………………………… 143
増ちょう剤 ………………………………… 114
相当ねじりモーメント …………………… 73
相当平歯車 ………………………………… 166
相当曲げモーメント ……………………… 73
速度伝達比 ………………………………… 150
塑性変形 …………………………………… 14
外リンク …………………………………… 177

タ 行

耐久限度 …………………………………… 20
台形ねじ …………………………………… 30
台形歯形 …………………………………… 175
ダイス ……………………………………… 28
大歯車 ……………………………………… 144
タイミングベルト ………………………… 174
太陽歯車 …………………………………… 168
耐力 ………………………………………… 14
多孔質含油軸受 …………………………… 125
多条ねじ …………………………………… 27
多層軸受 …………………………………… 125
タッピンねじ ……………………………… 42
タップ ……………………………………… 28
谷の径 ……………………………………… 26
ダブルナット ……………………………… 58

玉 …………………………………………… 93
玉軸受 ……………………………………… 93
多山ねじ切りフライス …………………… 28
タワー ……………………………………… 126
たわみ軸 …………………………………… 67
たわみ軸継手 ……………………………… 78
単一ピッチ誤差 …………………………… 158
弾性限度 …………………………………… 13
炭素工具鋼鋼材 …………………………… 16
チェーン …………………………………… 169
チェーンカップリング …………………… 80
ツェッパ形自在軸継手 …………………… 81
力伝達用ねじ ……………………………… 25
中間ばめ …………………………………… 6
中心距離 …………………………………… 151
チューブ方式 ……………………………… 60
直径系列 …………………………………… 100
直動案内 …………………………………… 118
疲れ強さ …………………………………… 19
継手リンク ………………………………… 178
つる巻線 …………………………………… 26
定圧予圧 …………………………………… 113
定位置予圧 ………………………………… 113
締結用ねじ ……………………………25, 54
データム線 ………………………………… 152
テーパねじ ………………………………… 30
テーパリング …………………………84, 87
滴下給油 …………………………………… 116
デフレクタ方式 …………………………… 61
転位 ………………………………………… 155
転位係数 …………………………………… 155
転造 ………………………………………… 29
伝動軸 ……………………………………… 67
転動体 ……………………………………… 93
動圧形流体潤滑軸受 ……………………… 128
銅合金 ……………………………………… 17
等速形自在軸継手 ………………………… 81
通しボルト ………………………………… 40
止めねじ ………………………………42, 84, 88

索　引　207

トラック ……………………………… 131
トラック密度 ………………………… 131
トリポード形自在軸継手 …………… 81
ドリルねじ …………………………… 43
トルク …………………………… 52, 71
トルクレンチ ………………………… 55

ナ 行

内接放物線 …………………………… 161
内部すきま …………………………… 108
内輪 …………………………………… 93
並目 …………………………………… 30
ニードルベアリング ………………… 95
二重ナット …………………………… 58
ニッケルクロム鋼材 …………… 16, 68
ニッケルクロムモリブデン鋼 … 16, 68
日本工業規格 ………………………… 11
ねじ …………………………………… 24
ねじ切り旋盤 ………………………… 28
ねじ切りフライス盤 ………………… 28
ねじ転造 ……………………………… 29
ねじ歯車 ……………………………… 146
ねじり応力 …………………………… 71
ねじりモーメント …………………… 71
ねじれ角 ………………………… 26, 164
熱可塑性エンプラ …………………… 18
熱可塑性プラスチック ……………… 17
熱硬化性エンプラ …………………… 19
熱硬化性プラスチック ……………… 18
のこ歯ねじ …………………………… 32

ハ 行

歯厚 …………………………………… 147
ハードディスク ……………………… 130
ハイポイドギヤ ……………………… 146
背面組合せ形 ………………………… 103
ハウジング軌道盤 …………………… 96
歯車形軸継手 ………………………… 80
歯車列 ………………………………… 167

歯形 …………………………………… 147
歯形系数 ……………………………… 162
歯形誤差 ……………………………… 158
歯末 …………………………………… 147
歯すじ誤差 …………………………… 159
はすば歯車 ……………………… 144, 164
歯底円 ………………………………… 147
歯直角圧力角 ………………………… 165
歯直角断面 …………………………… 164
歯付きプーリ ………………………… 175
歯付きベルト ………………………… 174
パッキン ……………………………… 188
バックアップリング ………………… 196
歯直角ピッチ ………………………… 166
歯直角モジュール …………………… 165
ばね …………………………………… 184
ばね鋼 ………………………………… 186
ばね座金 ……………………………… 56
幅系列 ………………………………… 100
歯溝の幅 ……………………………… 147
歯溝の振れ …………………………… 159
はめあい ……………………………… 5
歯面強さ ……………………………… 162
歯元 …………………………………… 147
半月キー ……………………………… 86
半割り軸受 …………………………… 129
ピアノ線 ……………………………… 186
非金属ガスケット …………………… 198
ビスコシール ………………………… 196
ひずみ ………………………………… 13
非接触式シール ………………… 100, 196
左ねじ ………………………………… 27
ピッチ ………………………………… 26
ピッチ円 ……………………………… 147
ピッチ誤差 …………………………… 158
ピッチ点 ……………………………… 147
ピッチング …………………………… 162
引張応力 ……………………………… 12
ピニオン ……………………………… 144

ピニオンカッタ	153	防せい剤	114
飛沫潤滑	116	ホーファー	161
標準化	5, 10	ボールねじ	60
標準数	68	保持器	93
平座金	56	保証荷重	48
平歯車	144	細幅Vベルト	173
平ベルト	170	細目	30
比例限度	13	ホブ切り	153
疲労限度	20	ホブ盤	154
ファスナばね	185		
プーリ	169	**マ 行**	
フェースギヤ	146	マイクロピッチング	162
深溝玉軸受	95	マイタ歯車	146
複合形軸受	132	マイナス転位	156
普通すきま	108	まがりばかさ歯車	146
フックの法則	13	曲げ応力	72
負転位	156	曲げ強さ	161
不等速形自在軸継手	80	曲げモーメント	72
部品等級	36, 44	摩擦力	52
部分累積ピッチ誤差	159	丸ねじ	32
プラスチック材	17	みがき棒鋼材	68
プラス転位	156	右ねじ	27
フランジ形たわみ軸継手	78	ミシン用ねじ	32
フリクションジョイント	87	ミスアライメント	76
プリベリングトルク形戻り止めナット	57	溝付き六角ナット	59
フリンガ	197	ミニチュアねじ	30
フレーキング	103	メイティングリング	191
ブレードパッキン	192	メートルねじ	30
ベアリング	92	メカニカルシール	191
平行キー	86	メタルジャケット形ガスケット	198
平行軸歯車	144	めねじ	26
平行ねじ	30	モジュール	148
平面案内形式	120	もみ抜き保持器	98
並列組合せ形	103		
ヘリカルギヤ	164	**ヤ 行**	
ヘルツ	163	やまば歯車	144
ヘルツの弾性接触論	163	有効径	26
ベルト	169	有効径六角ボルト	37
ヘンリー・モーズレイ	24	有効断面積	48

遊星歯車	168	ローラチェーン	177
遊星歯車列	168	ローラチェーン軸継手	80
ユニバーサルジョイント	80	六角穴付き止めねじ	42
ユニファイねじ	30	六角穴付きボルト	39
油浴潤滑	115	六角ナット	36
緩みの原因	56	六角低ナット	38
緩み防止	56	六角ボルト	36
予圧	112	六角レンチ	39
呼び径	26		
呼び径六角ボルト	37	ロックナット	110
呼び番号	101	ロックナット用座金	110

ラ 行

英数字

ラジアル軸受	95	C形軸用同心止め輪	110
ラジアル内部すきま	108	$d_m n$ 値	107
ラック	145	dn 値	107
ラックカッタ	153	Dリング	195
ラップドVベルト	174	ISO規格	11
ラビリンスシール	196	IT	8
リード	26	JIS規格	11
リード角	26	K 値	162
リーマボルト	40	Oリング	195
リップパッキン	193	pV 値	133
流体潤滑	122	S-N 曲線	20
流体潤滑軸受	126	Uパッキン	193
両歯面全かみ合い誤差	159	Vパッキン	194
ルイス	161	Vプーリ	174
累積ピッチ誤差	159	Vベルト	172
レイノルズ	126	Vリブドベルト	173
レール案内形式	120	Xリング	195
レオナルド・ダ・ヴィンチ	24, 142	1山ねじフライス	28
レオナルド・ダ・ヴィンチの手稿	92	30°接線法	161
ローエッジVベルト	174		

— 著者略歴 —

有賀 幸則（ありが ゆきのり）

- 1949年　長野県で生まれる
- 1972年　日本工業大学 卒業
- 1975年　工学院大学 大学院修了
- 1975年　日本工業大学 工学部 機械工学科 助手
- 1990年　工学博士（東京工業大学）
- 2005年　日本工業大学 教授
　　　　　現在に至る
- 専攻：機械要素，歯車工学

JCOPY ＜（社）出版者著作権管理機構　委託出版物＞

2015　機械要素の基礎知識

2015年8月8日　第1版第1刷発行

著者との申し合せにより検印省略

© 著作権所有

定価（本体2400円＋税）

著作者　有賀 幸則
発行者　株式会社 養賢堂
　　　　代表者　及川 清
印刷者　新日本印刷株式会社
　　　　責任者　渡部明浩

〒113-0033 東京都文京区本郷5丁目30番15号

発行所　株式会社 養賢堂
TEL 東京(03)3814-0911　振替00120-7-25700
FAX 東京(03)3812-2615
URL http://www.yokendo.co.jp/

ISBN978-4-8425-0536-7　C3053

PRINTED IN JAPAN　　製本所　新日本印刷株式会社

本書の無断複写は著作権法上での例外を除き禁じられています。複写される場合は、そのつど事前に、（社）出版者著作権管理機構（電話 03-3513-6969、FAX 03-3513-6979、e-mail:info@jcopy.or.jp）の許諾を得てください。